KB172876

식품산업 키워드로 본

착한 제도 나쁜 규제

식품산업 키워드로 본

착한 제도 나쁜 규제

하상도 지음

좋은땅

목차

1. 식품산업 정책 - 규제와 진흥

키워드1-1 규제(1) - 식품안전관리

키워드1-2 규제(2) - 식품표시

키워드2-2 수산물 방사능 안전관리

키워드2-3 건강기능식품

키워드2-4 GMO

키워드2-5 플라스틱 포장 및 일회용품

키워드2-6 식품첨가물

키워드2-7 농약/중금속

키워드2-8 식중독

1

식품산업 정책 - 규제와 진흥

식품산업은 전 세계적으로 가장 빠르게 성장하는 산업군이다. 최근 요리방송(쿡방)의 인기와 패밀리 레스토랑, 급식 등 외식과의 융합, 면역과 장 건강에 대한 관심 증가로 건강기능식품의 부상, 패스트푸드와 HMR(가정식대체품)의 수요 증가, 배달업과 온라인 주문의 일상화 등으로 성장에 날개를 달았다. 반면 소비자는 생활수준의 향상으로 안전(安全)을 넘어 안심(安心) 식품까지 요구하고 있고, 식품안전에 대한 국가책임뿐 아니라 제조자의 무한책임을 강조하고 있다.

식품산업의 건전한 발전과 소비자의 보호를 위해 법(法)과 규제(規制)는 반드시 필요하며 시대에 따라 변하고 있다. 일반적으로 규제는 경기가 좋은 태평성대에는 크게 중요치 않으나 불경기 등으로 식품이 '상품(商品)'으로 상거래될 때 양과 질을 속이거나 안전문제가 심각해질 경우 이를 바로잡고자 생겨난다.

식품안전관리 정책은 생산 · 판매자가 유발하는 사고 발생을 예방하거나 사후 발생 시 처벌로써 그 피해와 발생을 최소화하는 수단이다. 우리나라는 식약처를 중심으로 농식품부, 환경부, 지자체 등에서 「식품안전기본법」을 위시한 32개 법령으로 식품산업의 진흥과 규제를 병행하고 있는 상황이다.

이들 규제는 작게는 한 기업의 흥망을 좌지우지할 뿐 아니라 크게는 산업 전체를 사라지게 할 수 있을 정도로 위협적이며, 법령을 위시한 작은 시행규칙이나 고시에도 한 기업의 사활이 걸리는 수가 많다. 이에 정부의 식품산업 관련 진흥 또는 규제 정책은 합리적이고 공평하게 수립, 집행돼야만 한다.

본고를 통해 우리나라에서 뜨겁게 이슈화되고 있는 식품 관련 법과 제도, 정책들을 분석해 올바른 방향으로 갈 수 있도록 논평하고자 한다. 식품안전 관련 입법 및 행정 관계자들에게 합리적 규제를 펼치도록 독려하고 싶고, 식품업계 종사자뿐 아니라 일반 소비자들에게도 식품의 가치와 역사, 합리적 규제의 중요성을 깨닫게 하고 싶다.

키워드1-1 규제(1) - 식품안전관리

• 1-1-1 •

식품에 존재하는 잠재적 위해와 안전관리 규제

우리 소비자들은 농산물에 존재하는 잔류농약과 중금속을 가장 무서워하는 반면 식중독균 등 미생물 관련 위해는 거의 인지하지 못한 것으로 조사됐다. 그러나 농진청의 연구결과를 보면 식중독균과 곰팡이독이 가장 위험하고 그다음이 농약, 중금속, 방사능물질, 이물 순이라고 한다. 미국에서 실시한 '식품으로 인한 질병조사'를 보더라도 일반적 식품오염의 90%가 세균이고, 나머지 6%는 바이러스, 3%가 화학물질이라고 한다. 게다가 2010년 미국 공익과학센터가 선정했던 1990년 이후 가장 많은 질병을 불러온 식품 Top 10 1위가 '상추(양상추) 등 샐러드용 녹색채소의 노로바이러스 문제'였고 2위는 '계란의 살모넬라균' 오염 우려였다고 발표될 정도로 식품 원재료에는 병원성미생물이 가장 위협적이다.

불과 20년 전까지만 해도 우리나라의 식품안전 문제는 대부분 농약, 중금속 등 화학적 위해에 의한 것이었다. 1950년대 2차 대전 종전 이후 부족한 식량 탓에 무분별한 농약의 사용으로 온 강토가 오염돼 농산물에 잔류하는 화학물질의 안전성이 주된 골칫거리였기 때문이다. 그러나 1990년 이후부터 농약, 중금속 등 화학적 위해의 안전관리가 성공적으로 진행되며 토양과 물로부터 기인된 곰팡이, 병원성 세균, 바이러스 등 생물학적 위해가 떠오르기 시작했다.

식품의 인체 위해성(risk)을 야기하는 생물학적, 화학적, 물리적 위해요소

(hazard) 중 생물학적 위해가 최근 가장 위협적인데, 분변오염의 지표균인 대장균(*E. coli*), 살모넬라 등 병원성 세균, 노로바이러스, 기생충, 원충, 각종 곰팡이가 있다. 화학적 위해요소로는 버섯독, 복어독, 곰팡이독 등 천연독과 동물용의약품, 농약, 중금속, 허용외 식품첨가물, 윤활제, 세척제, 페인트 등 장비나 기구로부터 오염되는 화학물질이 있다. 축산물은 농산물에 비해 미생물 오염에 취약해 부패 및 변질이 용이하고 사료 중 혼입되는 내분비장애물질, 농약, 항생제의 잔류 문제가 자주 발생해 특히 취급에 주의가 요구된다.

식품에서 발생하는 오염원 제어를 위해 선진국에서는 '농장에서 식탁까지(Farm to Table)', '농장에서 포크까지(Farm to Fork)' 토탈 안전관리정책을 추진하고 있다. 식품의 오염원은 대부분 원료 유래라 농장에서 시작되므로 1차 산업(농업용수, 수확, 도축, 생유가공)부터 관리를 시작해야 하며, 가공, 제조, 저장, 유통, 판매까지 푸드체인 전반의 위생관리가 필요하다.

식품위생의 역사는 법(法)과 규제(規制)로 시작된다. 식품을 자급자족할 때는 위생문제가 크게 고려되지 않는데, 식품이 '상품(商品)'이 되어 상거래되면서부터 양과 질을 속이고, 불건전하고, 변질되어 인체에 해를 끼침에 따라 법과 규제가 시작되었다. 미국의 경우 1780년 메사추세츠주에서 병들거나 부패한 제품판매에 벌칙을 부과한 것을 시작으로 각 주별로 산발적이던 200여 종의 식품위생 관련 법령이 1906년 「FD&C Act(미연방 식품 · 의약품 · 화장품법)」 도입으로 체계화되었다. 독일은 1879년 「식품 및 용기에 관한 법규」가 있었으며, 1927년에 접어들어 현재의 체계화된 법으로 정비되었다. 우리나라는 1962년 1월 20일 법률 제1007호로 「식품위생법」이 공포됨에 따라 식품위생행정이 시작되었다.

식품안전관리 정책은 생산 · 판매자의 사고 발생을 예방하거나 사후 발생에 대한 처벌로서 그 피해와 발생을 최소화하는 수단이다. 생산 · 판매자가 유발한 사건사고는 고의성 여부로 나눌 수 있다. 고의적인 경우는 이익을 추구하기 위해 법을 위반하거나 소비자에게 경제적 또는 건강상 해를 끼치므로 정부에서는 단속과 처벌 등 사후관리로 예방이 가능하다.

고의성 없는 식품안전 사고는 법과 기준규격을 재 · 개정하거나, 과학적 위생관리시스템 보급에 의한 사전관리, 회수(recall)제도 활성화, 생산자 교육 등을 추진해 예방할 수 있다. 생산단계의 식품안전 확보를 위한 관리시스템으로는 농산물우수관리제도(GAP, Good Agricultural Practices)가 있다. GAP란 농업의 1차 생산단계에서 위생처리로 안전성을 확보하고자 하는 농업생산지침을 말하는데, 소비자에게 안전한 농산물을 공급하기 위한 생산자 및 관리자가 지켜야 할 위해요소의 원천적 차단 규범이라 할 수 있다. 식품안전인증제(HACCP)는 생산단계를 포함해 소비단계까지 전 과정에서 위해물질이 혼입되거나 오염으로부터 생길 수 있는 위해가능성을 사전에 방지하기 위한 식품안전관리시스템이다. 소비 · 유통단계에서는 표시(food label), 식품회수(리콜), 이력추적제(traceability) 등의 제도가 시행되고 있으며, 또한 제조 또는 수입업체가 자사제품에 대하여 무한 책임을 지는 제조물책임법(PL법, product liability)도 운영되고 있다.

· 1-1-2 ·

우리나라 식품안전의 뿌리 깊은 문제점과 대책

2017년 2월 민주당 대선 정책공약 자료 중 '생활안전 - 식품안전분야'를 필자가 작성, 제안했었는데 지금까지 거의 반영되지 못하고 그동안 해 오던 관리방식을 그대로 답습하고 있는 것이 안타깝기만 하다. 또한 2017년을 강타했던 '살충제 계란사태'도 2017년 5월 '문재인 정권'의 탄생과 함께 안전관리 정책을 새로이 개편했었다면 충분히 막을 수 있었다고 생각한다. 당시 필자가 제안했던 식품안전관리 정책 개선(안)을 간략히 소개하겠다.

1. 먹거리 안전 문제 제기

현재 우리나라는 생산자, 영세업체, 생계형 등에 대한 안전관리 단속과 행정처분의 예외와 특권이 난무해 불공평한 안전관리로 식품안전의 사각지대가 너무나 많다. '불량계란 유통사건'이 이미 2017년 1월부터 공론화됐으나, 청와대에서 농식품부의 편을 들고 생산자의 눈치를 보느라 국민을 위한 안전관리를 외면했던 사례가 있다.

2. 해결방안

'최순실 국정농단사태' 등으로 특권층, 예외, 탈법의 근절에 대한 국민적 열망이 고조돼 이를 해소하는 '예외 없는 평등한 식품안전관리'라는 정책적 니즈가 커지고 있다. 이번 정부는 공정사회 구현을 위해 그 어느 때보다 '공평한 식품안전관리 정책'을 추진해야 한다. 식품안전관리의 사각지대, 특권과 예외를 없애고 공급자(생산자) 중심에서 탈피해 국민(소비자)만을 생각하는 공정하고 평등한 식품안전관리행정을 구현해야 한다.

식품안전의 사각지대인 보따리 수입상, 생계형 무허가 포장마차 등 길거리 식품, 개고기 식용 문제, 인터넷 해외직구 식품 안전관리 등을 해결해야만 빈틈없는 식품의 안전관리가 가능하다. 게다가 가짜 백수오, 가짜 홍삼사건, 내용량 속임수, 원산지 거짓표시, 유통기한 위반 등 가짜와 속임수가 만연한 건강기능식품 시장의 질서 유지와 안전관리에 만전을 기하고 효능의 인증에 대한 정부의 역할 축소가 필요하다고 본다.

식품표시(라벨링) 관련 소비자의 눈높이를 충족시키기 위해 GMO 완전표시제 시행을 위한 준비와 로드맵 작성, QR(Quick Response)코드 도입, 소비기한제도 도입, 「식품등의 표시광고에 관한 법률」의 조기 정착 등이 필요하다.

또한 정부 주도의 품질 및 안전 '인증제도'의 정비와 지속적 추진이 필요하다. 특히, 식품안전인증제(HACCP), 우수농산물인증제(GAP) 등 부실 유발의 원흉인 인증의 양적 확대 정책을 재평가하고 질적 성장으로의 패러다임 전환이 필요하다.

AI(인공지능) 시대에 대비한 미래형 차세대 식품안전 관리 제도의 정비가 필요하다. 유전자가위 기술 적용식품, 복제동물, GM미생물 등을 활용한 신식품(Novel foods)에 대한 지나치게 엄격한 국내 안전관리로 새로운 미래시장이 형성되지 못해 국제적 흐름을 따라가지 못하고 있는 상황이다. 이에 미래 시장을 주도할 신식품(novel foods)에 대한 적극적이고 개방적인 안전관리제도의 확립이 필요하다.

또한 일사 분란한 정부 식품안전 행정체계의 정비가 필요하다. 가습기와 치약 살균제 문제, AI 방역용 소독제 문제가 불거진 바 있고, 최근 살충제 계란사태 등 문제 해결책 마련이 필요하다. 또한 부처별로 분산돼 관리의 사각지대에 놓여 있는 위생용품, 보건제품, 살균소독제의 통합적 안전관리 추진이 필요하다. 생산자의 이익을 우선으로 하고 농수축산업과 식품산업의 육성을 위해 존재하는 부처인 농식품부에서 '식품안전'을 담당하는 것은 객관성을 훼손하고 견제 성격인 안전관리가 제대로 작동될 수가 없는 구조다.

식품안전을 일관성 있게 추진할 수 있도록 현 총리실 직속 식품의약품안전처를 '(가칭)식품안전처'로 개편하고 농식품부와 해수부에 위탁 관리하고 있는 식품 원료의 안전관리업무와 검역 등을 관련 조직과 예산을 이관해 '(가칭)식품안전처'에서 직접 관리해야 한다. 의약품, 의료기기, 화장품 안전관리 업무는 보건복지부나 '(가칭)보건청'으로 이관하는 것이 바람직하다고 본다. 또한 이물신고제, 품질과 안전 인증제 등은 민간으로 이관해 정부의 한정된 역량의 선택과 집중 전략이 필요하다.

AI, 구제역, 계란파동, 농수축산물 품질불량 등 안전문제에 취약한 축산물의 관리를 위한 '통합 축산물안전관리시스템' 구축이 필요하다. 안전관리행정의 일원화, 무항생제 등 친환경 및 안전 인증제도의 정비와 식품 유통, 운반 시 '콜드체인' 확대가 필요하다. 농장 등 생산자에 대한 법적 안전기준 준수 여부와 원산지, 유통기한 표시 등 유통과정에 대한 지도, 단속, 처벌 강화 또한 필요한 시점이라 하겠다.

• 1-1-3 •

식품안전 관련 정부조직의 바람직한 발전방향

2017년 4월 24일자 내일신문 기사를 보면, 한국농식품정책학회 · 경실련 공동 주최의 '제19대 대통령후보'의 농정철학 및 농정공약에 대한 정책토론회에서 일부 전문가들이 "식품의약품안전처의 식품안전 업무를 농식품부로 일원화해야 한다."고 주장했다. 박근혜 정부 때 '식품산업진흥(농식품부)'과 '식품안전(식품의약품안전처)' 기능을 분리해 상호 견제토록 했지만 이를 '농식품부' 중심으로 재조정하기를 바라는 시각이다. 생산자 단체에서도 이런 주장을 줄기차게 해 오고 있는 상황이다.

동서고금을 막론하고 모든 정책은 생산 · 공급자 중심으로 만들어지게 마련이다. 공급자나 생산자는 속성상 이익을 좇게 되고 이를 위해 입법부인 국회와 이를 집행하는 행정부의 결정과정에 적극적으로 참여하기 때문이다. 당연히 생산자 단체는 식품의 안전관리를 자신들의 이익을 대변해 주고 농업과 산업 육성을 위해 존재하는 '농식품부'에서 담당해야 편할 것이다. 무서운 견제 부처인 '식약처'에서 지도, 단속 등 안전관리를 하게 되면 불편하고 껄끄럽기 때문이다. 안 그래도 위탁 중인 생산단계 안전관리 또한 언제 가져가 직접 관리할까 노심초사하고 있을 것이다.

진흥부처에서 안전관리까지 맡게 되는 형태의 조직개편은 '식품안전'의 객관성을 훼손하고 생산 · 공급자를 견제하는 장치가 제대로 작동될 수 없게 하는 구조라 생각한다.

식품안전 문제는 제조나 유통단계보다는 대부분 원료 유래로 발생한다.

안전한 식품을 확보하기 위해서는 농장부터 식탁까지 "예외와 특권 없고, 사각지대 없는 공평하고 빈틈없는 먹거리 안전관리"가 필요하다. '생산자단체', '영세업체', '생계형' 등 안전관리 단속과 행정처분에 관대했던 예외와 특권을 없애고 국민의 생명을 최우선으로 여기는 공평한 식품 안전관리가 필요하다는 말이다.

지난 2017년 1월 발생했던 '불량 계란 유통사건'이 한 예라 하겠다. 민주당 한 의원이 공개한 식약처의 '계란 유통 문제점과 대책 보고서'에 따르면, 생산 과정에서 껍데기에 실금이 갔지만 육안으로 선별이 불가능한 계란 중 30%가량인 7억 7천만 개가 시중에 그대로 유통 · 판매됐다고 한다. 식약처의 안전관리 대책에 대해 청와대가 개입해 농식품부와 조율해 무마했었기 때문이라고 한다. 결국 식약처의 안전관리보다 생산 및 유통산업의 이익을 우선시해 국민의 건강을 내팽개친 사건이라 볼 수 있다.

영국 광우병 사건에서도 보듯이 진흥부처인 농식품부가 식품의 안전관리까지도 담당할 경우, 안전 문제 발생 시 생산자의 이익과 국민의 생명 사이에서 고민하게 된다. 결국, 영국 정부는 축산업을 보호하기 위해 10년간이나 광우병 발생 사실을 숨겼던 것이다.

최근 빈발해 수조 원의 매몰 비용과 보상금을 쏟아붓고 있는 조류독감(AI), 구제역 등 가축 질병 문제가 발생해도 진흥부처는 농가의 피해와 농수축산업에 미치는 영향을 고려하면서 백신 사용 등 방역 대책도 결정할 수밖에 없을 것이라고 본다. 진흥부처에서는 말이 없는 국민들의 안전 문제는 후

순위가 되고 목소리가 큰 생산자, 공급자에 유리한 정책적 판단을 내리게 되는 것이 인지상정이기 때문이다. 이런 이유로 지난 2017년 4월 27일 국회에서 개최된 '소비자 정책공약 제안 토론회'에서 백병성 소비자문제연구소 대표가 제안한 "가축의 방역, 검역도 진흥부처에서 담당해서는 안 되고 견제 성격의 안전부처인 식약처가 담당해야 한다."는 의견에 힘이 실리고 있고, 많은 공감을 얻고 있는 것이라 생각한다.

지난 정부에서 4년간 추진했던 식약처로의 식품안전 일원화는 절반만의 성공이라 생각한다. 실질적이지는 못하고 형식적으로 추진된 것이 많기 때문이다. 특히, 축산물, 수산물의 생산 부문 안전관리업무가 현재 농식품부와 해수부에 각각 위탁 관리되고 있어 책임감과 효율성이 떨어진다. 조속히 이들 위탁업무를 식약처가 돌려받아 최근 빈발한 원료단계 안전 문제를 직접 해결해야 한다고 본다. 덧붙여 백 대표의 제안처럼 '검역, 검사업무'까지 현재 식약처로 이관된다면 '농장부터 식탁까지, One-stop 식품안전'을 구현해 원천적 식품안전관리가 가능하리라 생각한다.

한 단계 더 나아가 식품안전관리의 안정기에 접어들게 되면 '의약품, 의료기기, 화장품 안전관리 업무'를 (가칭)'보건부(보건청)'로 이관해 명실상부한 식품안전관리 행정을 일원화한 '식품안전처'의 출범도 미래에는 가능하리라 예상해 본다. 차기 정부의 식품안전관리는 '공급자(생산자) 중심'의 진흥부처보다는 '소비자(국민) 중심'의 식약처에서 지속적이고 강력하게 추진해야 한다고 생각하며, '관리자 중심'에서 '시장 중심'으로 정책의 패러다임을 전환해 보다 유연한 식품안전행정을 펼치기를 바란다.

• 1-1-4 •

획기적인 변화가 필요한 이물관리제도

2016년 6월 30일 식약처와 한국식품정보원이 공동으로 '이물관리제도 개선 포럼'을 개최했는데, 현행 이물관리제도에 관한 소비자 및 산 · 학 · 연 의견 조율이 목적이었다. 우리나라는 2008년부터 시작된 연쇄적인 이물사건으로 2010년에 「식품위생법」 제46조에 근거해 세계 최초로 의무 보고대상 이물을 고시하면서 정부의 이물관리가 강화되기 시작했다.

이물 신고(보고) 건수가 2010년 9,740건에서 2015년 6,017건으로 매년 감소 추세에 있고 벌레를 위시한 금속, 곰팡이, 비닐 및 플라스틱, 유리 등이 주원인이었다. 특히 제조단계에서 발생한 이물이 2015년 기준 8%에 불과해 이 제도가 식품제조업체의 위생 수준 향상에는 큰 역할을 했다고 볼 수 있다. 그렇지만 소비유통 단계에서 20%, 오인신고 11%, 그리고 약 60%가 조사 또는 판정 불가인 상황이라 오히려 제조 이외 영역에서의 안전관리체계 강화가 필요해 보인다.

의무신고(보고)제 시행 이후 꾸준한 정부의 노력과 기업들의 꾸준한 시설투자, 교육 및 기술수준 향상 노력, 소비자의 참여 등으로 신고(보고)건수가 지속적으로 줄고는 있으나 여전히 높은 수치라 생각한다. '신고'와 '보고'가 거의 반반이라고 하는데, 이를 처리하기 위해 정부는 행정 부담이 크고 식품산업 또한 비용과 인력이 발생해 식품가격의 상승요인이 되고 있으며, 규제에 편승한 블랙컨슈머의 횡포도 심해지고 있는 것이 현실이다.

이렇게 이물신고(보고)건수가 많은 데는 식품업계의 안전관리 소홀보다 더 큰 다른 이유가 있다고 본다. 우선 일상적으로 발생하는 경미한 사안까지도 보고대상으로 정해 놔 그렇다. 또한 신고 절차가 전화 한 통이면 될 정도로 간단한 것도 원인이다. 이후 원인 규명 등 모든 사후처리는 신고자가 아닌 정부가 하도록 돼 있다.

그 대책으로 관계부처 협동 '이물근절 중장기계획'을 수립해야 한다. 단기에는 위해도 등을 기준으로 보고대상 이물의 범위를 축소해야 한다. 즉, 살아있는 벌레, 곰팡이 등을 보고 대상에서 제외하는 방안이 현실적이라 생각된다. 고의성 없는 현행 기술로는 불가피한 이물 발생에 부과되는 행정처분 또한 완화해야 한다. '기생충, 금속, 유리 혼입'은 품목정지 7일 및 폐기(1차), '칼날, 동물 사체 혼입'은 품목정지 15일 및 폐기(1차) 등으로 다소 과한 측면이 있다고 생각한다. 또한 신고절차를 보다 엄격하게 개선하고 신고자에게도 어느 정도의 입증 책임을 지도록 하며 오인 또는 허위신고 시 책임 부과 및 처벌 규정을 강화함으로써 신고 건수도 줄일 수 있다고 본다.

중장기적으로는 정부가 보고받는 대상 이물을 지속적으로 축소함과 동시에 '(가칭)이물신고관리센터'를 정부출연기관, 한국소비자원, 소비자단체 등 외부에 설치해 일반적인 신고나 보고 사안은 직접 해결토록 하고, 식약처에서는 대형 사고나 보고된 사안 중 심각한 안전성 판정 대상 이물만 처리하는 업무분담이 필요하다.

식품 중 이물 발생은 완전예방이 불가능해 미국 등 식품안전 선진국조차도 채소믹스의 생쥐, 벌레 등 많은 사례가 발생하고 있다. 그래서 고의성이 없고 위해성이 낮은 경우, 크게 문제 삼지 않을 뿐 아니라 정부에서 직접적으로 관여하지도 않는다. 이물 발생은 대부분 기업과 소비자 간에 해결해야 할 문제로 PL법(제조물책임)으로 해결하고 있다. 2010년 당시 이물 발생이 쓰나미처럼 신고됐고 소비자단체와 국회에서 정부의 책임을 심하게 추궁하다 보니 우리 정부가 시장에 개입하지 않을 수 없었을 것이다. 특히, 「보고 대상 이물의 범위와 조사 · 절차 등에 관한 규정」은 선진국에도 없는 제도다. 우리나라에는 PL법도 2002년에 도입돼 시행되고 있고, 회수제도 역시 1995년에 입법화되었다. 이물 문제가 어느 정도 해결된 현시점에서 이물 관리는 시장으로 돌려줄 때가 됐다고 본다.

사실 우리나라 이물관리제도는 정부가 지나치게 관여하면서 모두에게 손해라 생각한다. 정부는 보고받고 신고 처리하느라 행정 낭비로 피로하고, 기업은 일부 책임을 정부가 나눠주는 장점도 있으나 간단히 처리할 수 있는 클레임도 정부에 공개해야 하고 공개 시에는 대외신인도 하락으로 다른 제품에까지 악영향을 줄 수 있어 전체적으로 손해다. 소비자도 큰 배상을 받을 수 있는 사안도 정부의 중개인 역할로 배상 면에서도 손해를 보고 있다. 현 '이물관리제도'는 누구에게도 이익이 되지 않는 정책이라 반드시 획기적인 개선이 필요하다고 본다.

• 1-1-5 •

학교급식의 엉터리 안전대책, 직영체제가 부른 대란

학교 비정규직 근로자의 총파업으로 급식대란이 일고 있는 가운데 현행 학교급식 체계를 바꿔야 한다는 목소리가 거세다. 2017년 6월 30일 전국학교비정규직 노동조합원들이 총파업 집회를 열었다. 이들은 비정규직 철폐와 근속수당 인상 등을 요구했는데, 학교 4,033곳, 18,678명이 파업에 참여해 2,186곳의 급식이 중단됐다고 한다. 지난 2006년 학교급식 체제가 위탁에서 직영으로 전환되면서 급식단가에서 식품비가 차지하는 비율이 해마다 감소하는 반면, 인건비 비율은 상승하고 있으나, 조리종사원 파업은 해마다 되풀이 되고 있다고 한다. 게다가 국민의당 이언주 의원이 이들 집회 중인 노동자, 조리사들을 폄하해 논란이 크게 일었다.

한국전쟁이 끝나가던 1953년, 우리나라에서 학교급식이 처음 시작됐다. 20년간 유엔아동기금(UNICEF), 세계민간구호협회, 미국국제개발처(USAID) 등의 지원으로 무상급식이 이뤄지다가 1972년에야 우리 힘으로 학교급식이 시작됐다. 그러나 1977년 학교급식용 식빵을 먹은 한 학생이 식중독으로 숨지는 사건이 일어나면서 일시 중단됐다가 1981년 「학교급식법」 제정으로 다시 부활해 현재에 이르고 있다.

그 후 1992년부터 '학교급식 확대사업'이 성장기 청소년(6~18세)의 건강증진과 학부모의 도시락 준비 부담 해소를 위해 정책적으로 추진되면서 크게 발전했다. 1998년부터는 국민의 정부 선거공약으로 학교급식이 전면 실시되면서 현재 초 · 중 · 고교 1만여 개 학교에서 급식을 제공하고 있다. 이런 좋은 취지에도 불구하고 급식은 대규모 식품안전사고의 온상이 되고 있어 늘 불안한 것이 현실이다.

식중독 발생은 지구 온난화, 기온 상승 등 환경변화와 학교급식 확대, 외식 증가 등으로 집단적 발생 양상을 보이며, 증가 추세에 있다. 계절에 관계없이 연중 발생하며, 특히 겨울철에도 환자 수가 줄어들지 않고 있다. 여름철에는 주로 병원성 대장균, 살모넬라, 장염비브리오균 등 세균성 식중독이 많이 발생하고, 겨울철에는 노로바이러스가 주로 문제를 일으키기 때문이다.

2006년 6월, 사상 최대의 '학교급식 노로바이러스 식중독 사고'가 발생해 3천여 명의 환자가 보고됐다. 위탁 급식인 C사에서 관리하던 학교에서 발생한 것이 발단이었다. 속전속결로 한 달 만에 「학교급식법」이 개정돼 그간 직영과 위탁으로 운영하던 학교급식을 2010년 1월부터 직영 급식으로 전환했다. 물론 공간 등 예외적인 경우 위탁 급식을 허용하고 있긴 하다.

이 학교급식 식중독 사건의 대책 중 직영으로의 전환은 누가 봐도 엉터리였다. 당시 많은 식품안전 전문가와 산업계의 반대에도 불구하고, 영양사 등 급식 담당 인력의 학교 내 정규직 고용 창출을 목적으로 이익단체와 이에 동조하는 국회, 교육부가 화난 학부모의 여론을 등에 업고 만들어 낸 졸작 중의 졸작이었다.

직영체계는 급식의 안전에 문외한인 학교장이 관리의 책임을 지고, 교육의 일환이라는 명목 아래 식품 안전관리의 전문성이 부족한 교육부에서 급식의 안전을 책임지다 보니 안전 문제가 끊임없이 터질 수밖에 없는 구조라 생각한다. 비용 면에서도 직영은 손해다. 학교장이 직접 영양 및 위생관리 담당자와 조리원을 고용해서 운영하다 보니 인건비가 높아지고 인상 요구, 정규직/비정규직 노조 문제 등이 연이어 터져 나오고 있다. 게다가 식재료의 구매를 학교별로 하다 보니 원가 또한 높아질 수밖에 없는 구조다. 학교장과 영양사가 뇌물을 받았다는 납품 비리, 유통기한이 지나거나 저질 식재료의 납품을 눈감아 주었다는 뉴스가 또한 비일비재한 것이 현실이다.

한편, 위탁 급식은 비용 면에서 이익이 크다고 본다. 현대의 자본주의 시장은 규모의 경제다. 주어진 급식비 범위 내에서 식재료의 대량공급 및 공동구매, 위생처리시스템의 표준화 및 보급, 위생관리 전문 인력의 공동 활용 등으로 원가를 절감해 가성비와 급식을 질을 높일 수 있는 장점이 있다. 게다가 기업은 PL법(제조물 책임법) 적용도 받고 있고, 식중독 사고 발생 시 해당 점포뿐 아니라 기업 브랜드 전체가 타격을 입기 때문에 HACCP 등 안전관리 시스템을 적극 도입하는 추세이다. 또한 일본, 미국 등 선진국의 학교급식이 직영에서 위탁으로 대부분 전환된 사례를 보면 알 일이다.

이제는 때가 되었다고 생각한다. 10년 전 잘못된 판단을 인정하고 지금이라도 학교의 주어진 상황에 맞게 위탁과 직영을 선택할 수 있도록 법적 환경을 보완해야 한다. 사실 학교급식 식품안전사고의 본질은 '위탁 vs 직영' 문제가 아니다. 급식의 운영방식이 위탁이든 직영이든 관계없이, 청결한 식재료로 조리종사자들의 개인위생을 준수토록 하고 안전관리만 철저히 잘하면 된다고 생각한다.

• 1-1-6 •

런천미트 대장균 오염 사건으로 본 식품안전관리 제도

2018년 10월 22일 충남동물위생시험소에서 실시한 '청정원 런천미트' 멸균 캔 햄 115g 제품(2016년 5월 17일 자 제조, 유통기한 2019.5.15)의 수거 · 검사에서 세균발육 양성 판정이 나왔다. 이 사건은 한 소비자의 변질 의심 신고에 따라 동일 유통기한 제품을 수거 · 검사하면서 촉발됐다. 이 제품은 멸균제품이기 때문에 균의 종류와 양에 관계없이 '세균발육'만으로 부적합 판정된다. 균의 종류를 확인하는 것은 필수사항이 아니나, 영업자가 원인 규명을 위해 검사기관에 요청하는 바람에 5개 제품 추가시험을 통해 10월 26일 5건 모두에서 대장균이 검출됐고 이를 식약처에 통보했다. 부적합 보고 즉시 기준 · 규격 위반으로 대상 캔 햄 전 제품의 생산과 판매가 잠정 중단됐었으나 식약처의 조사 결과, 제조단계에 이상이 없음이 입증돼 12월 1일부터 생산, 판매가 재개됐다. 2020년 7월 14일 충청남도를 상대로한 소송에서 제조사가 1심 승소해 오명을 벗은 상황이다.

미생물에 의한 식품 오염은 인간이 아무리 노력해도 완전한 제어가 불가능하다. 최근 발생한 초코케이크 살모넬라 검출 사건도 그렇고 미국, EU, 일본 등 안전관리 선진국에서도, 세계 최고 수준의 기업에서도 언제든 터질 수 있는 문제라는 사실을 인정해야 한다.

이번 런천미트 사태가 일파만파가 된 이면엔 소비자들의 실망감이 있었다. 그동안 완전무결한 줄 알고 안심해 왔던 '멸균 통조림' 제품에서 세균이, 그것도 대장균이 검출됐다는 사실이다.

검출된 대장균이 원료 고기와 캔 햄 속에 오염돼 있던 건지? 캔에 균열이 생겨 오염된 냉각수가 빨려 들어갔거나, 유통 중 캔 균열로 재오염된 것인지? 아니면 실험과정에서 오염됐는지 아직은 오리무중이다. 당시 공장의 캔 햄 멸균온도 기록과 자체검사 기록을 확인한 결과 116℃, 40분 이상의 살균 온도와 시간에는 이상이 없었다고 한다. 또한 같은 롯트 제품들을 국내외 공인검사기관에 의뢰한 결과, 캔 외형에 문제가 없었고 세균도 검출되지 않았다고 하니 제조단계 문제는 아닌 것 같다.

게다가 사건 발생 이후 식약처에서도 회수조치를 받은 대상 청정원 런천미트를 포함한 캔 햄, 통조림 · 병조림, 레토르트 등 총 39개사 128건(640개)의 멸균제품을 수거해 조사한 결과, 모두 세균이 불검출돼 적합했다고 11월 30일 발표했다. 보관 · 유통 등 취급과정에서 미세한 틈이 생기는 등 포장 손상으로 오염될 가능성을 완전히 배제할 수는 없으나 검사에 사용됐던 해당 캔 제품들도 부풀거나 다른 세균 증식 흔적도 전혀 없었다고 하니 유통단계의 문제도 아닌 것으로 생각된다.

결국 '결과는 있는데, 원인이 없는' 꼴이 돼 미궁에 빠진 상태다. 그래서 많은 사람들이 시험검사 과정에 의문을 제기하고 있는 상황이며, 급기야 11월 22일 대상은 이번 사건과 관련해 검사를 실시한 충남동물위생시험소의 상급기관인 충남도청을 상대로 행정소송을 제기했고 법원에서 최종 판단이 가려지게 됐다.

이번 사건이 일파만파가 된 원인으로 세 가지 제도적 문제를 생각해 봤다.

첫째, 부적합 식품정보의 공표절차 문제다. 현재 식약처에서 운영하는 식품안전포탈 실험실안전관리시스템인 LIMS(Laboratory Information Management System)에 자가품질검사 기관의 '부적합식품' 정보가 등록되면 자동적으로 공개된다. 이번 사건처럼 대다수가 검사 결과에 의문을 갖고 있는 경우, 추후 검사 오류 또는 제조사 과실이 없는 것으로 판결될 경우, 억울한 피해자가 생길 수가 있다. 향후 예외적으로 이의신청을 할 수 있는 창구를 만들어 부적합 공지를 일정 기간 유예해 확인 후 공개할 수 있는 장치 마련을 제안한다. 최근 한 기업의 현미유 제품이 자가품질검사 결과, 벤조피렌 기준[2.0㎍/kg(ppb) 이하]을 약간 초과한 2.5㎍/kg 검출됐다는 이유로 해당 제품의 부적합 정보가 공개됐고, 즉시 판매 중단 및 회수 조치된 일이 있었다. 이 회사는 즉시 부적합 제품을 확보해 전북보건환경연구원 등 4개 기관에 의뢰해 분석한 결과, 모두 기준치 이내의 적합으로 나왔다는 것이다. 미미한 기준 · 규격 위반은 재검사 시 오차범위 내의 적합으로 재판별될 가능성이 높은데도 말이다. 이 업체는 거래처가 끊기고 도산의 위기에 몰려 정부를 상대로 행정 소송할 것이라고 한다.

둘째, 재검사 관련 규정이다. 현행 제도에서는 공무원이 수거한 식품만 재검사 할 수 있고, 자가품질검사는 재검사 대상도 아니다. 또한 세균발육실험은 재검사가 안 된다. 식품위생법 제20조에 따르면 식품 등 검사 결과에 이의가 있으면 원칙적으로 재검사를 요청할 수 있으나 시간에 따라 검사 결과가 달라질 수 있는 항목인 '미생물, 곰팡이독소, 잔류농약 등'은 재검사 대상에서 제외되기 때문이다. 미생물은 같은 시료라고 해도 검사 시점이나 부위에 따라 결과가 달리 나올 수 있어 재검사 대상에서 제외되므로 검사 오류가 있을 경우, 억울한 일을 당할 수가 있다. 한 현미유 업체 또한 재검사를 요청했으나, 근거 법령이 없다는 이유로 재검사 기회를 얻지도 못했다고 한다.

셋째, 언론의 보도관행 문제다. 대형 먹거리파동으로 인한 폐해의 상당수는 언론의 경솔한 보도 관행에 있었다. 언론에 있어 기업의 과실 여부는 중요치 않다. 물론 정부의 검증 없는 부적합 정보공개가 원인이긴 하지만 대부분 확인도 안 된 상태에서 보도부터 하는 것이 현실이다. 혹시 나중에 무죄로 입증되더라도 해당 기업은 소비자에게 유죄로 남는다. 사실 확인이 된 부분만 보도하도록 제도화할 필요가 있다고 본다.

앞으로 이런 사건들의 피해기업들이 정부를 상대로 소송하는 사례가 줄을 이을 것으로 예상된다. 정부가 관여할 필요가 없는 일, 보고받지 않아도 될 일을 보고받는 현 체제를 개선하지 않고서는 제2, 제3의 '런천미트 사건'의 발생을 막을 수 없을 것이다. 이물 발생, 자가품질검사 등 민간에서 자율적으로 해결할 일을 정부가 나서서 괜히 보고받아 책임을 지고 있는 것은 아닌지 다시 한 번 생각해 볼 필요가 있다.

• 1-1-7 •

식품안전과 온도관리, 콜드체인

해양수산부가 안전한 수산물 공급과 수산업 종사자들의 소득 증대를 목표로 2022년까지 1,900억 원을 투입해 산지부터 소비지까지 '수산물 저온유통체계 구축방안'을 마련한다고 한다. 위판장, 도매시장에는 저온경매장을 설치하고, 냉장 · 냉동창고 등 저온유통시설을 확충하며 산지와 소비지 간 저온운송을 위한 냉장 · 냉동차량을 지원하는 등 어종별 · 유통단계별 특성을 고려한 맞춤형 저온유통체계를 구축할 예정이라고 한다.
민간에서도 새벽배송에 콜드체인 도입 목소리가 높다. 새벽배송의 강자로 떠오른 마켓컬리는 물류 노하우를 갖고 있었다. 컬리는 e-commerce 업계 최초로 식품전용 냉장 · 냉동 창고를 구축했다. 품목별로 최적의 온도를 유지하는 풀 콜드체인 시스템도 갖췄다고 하는데 신선식품이 포장부터 문 앞 도착까지 신선도를 유지할 수 있는 안전관리시스템이다.

여름철이 되면 온도와 습도가 높아 상온에 노출된 식품은 부패하기 쉽고, 세균성 식중독 또한 많이 발생한다. 특히 냉장, 냉동하거나 가열하지 않고 생(raw)으로 섭취하는 음식은 상해서 버리거나 잘못 섭취 시 식중독을 경험하기 일쑤다. 식품에는 생물학적, 화학적, 물리적 위해요소가 존재한다. 그중 온도에 민감한 것이 바로 생물학적 위해요소인데, 곰팡이, 세균, 바이러스 등 미생물이 식품원료의 생산 및 유통과정에서 유입될 수 있으며, 작업장, 종업원, 제조 · 가공과정에서도 오염될 수도 있다.

지난 2018년 9월 전국 55개 학교에서 2,207명의 살모넬라 식중독 환자가 발생했다. 냉동 초코케이크가 원인이었는데, 환자 가검물, 보존식, 완제품,

원료 난백액에서 모두 유전자 지문 유형까지 동일한 살모넬라 톰슨균이 검출됐다. 수년 전 충암고 발 불량 급식사건도 있었다. 학생들의 먹거리를 담보로 원산지 허위표시, 비위생적인 저질급식 제공 등 전형적인 후진국형 사건으로 여론의 질타를 받았다. 그러나 축산물이나 수산물을 냉동 차량이 아닌 일반 탑차나 트럭으로 실어 나르거나 신선식품을 오토바이로 배송하는 광경이 쉽게 목격될 정도로 아직 우리나라의 낙후된 식품 유통구조가 체질적으로 개선되지는 않았다고 생각된다.

식품안전 문제는 대부분 원료 유래다. 원료 식자재는 유통단계에서도 교차오염 또는 생물학적 위해요소가 증식될 수 있는 만큼 반드시 적절한 온도에서 유통시켜야 한다. 결국 먹거리 안전을 확보하기 위해서는 산지의 원재료 관리부터 유통단계별 관리까지 빈틈없는 온도관리시스템을 갖춰야 한다. 한마디로 콜드체인 같은 '정온물류관리'가 유통상 안전 문제 발생을 예방하는 가장 효과적인 수단이라고 볼 수 있다.

그러나 비용이 워낙 많이 들어 냉동차량을 확보하거나 정온 물류센터를 운영하는 것은 쉽지 않은 일이다. 사정이 이렇다 보니 유통과정상 식자재의 변질이나 오염으로 인해 언제든 안전사고 발생 가능성에 노출돼 있다. 국내 식자재 유통시장 또한 90% 이상을 물류센터나 보관창고는 꿈도 꾸지 못하는 중소 유통업체가 점유하고 있어 더욱더 우려가 크다.

냉동식품은 냉동상태로, 냉장식품은 냉장상태로 보관 · 유통되지 않으면 오염된 세균이 급격히 증식할 수 있어 식중독을 일으킬 가능성이 높다. 보관

온도가 낮을수록 유통기한 연장효과, 식중독 발생 감소 등 편익이 커지는 게 사실이라 우리나라 법적 냉장온도인 10℃보다 더 낮은 5℃ 법적 냉장 보관온도가 제안되는 것도 이런 연유다. 제조 · 유통업체뿐 아니라 운반트럭도 '냉장 · 냉동관리'를 철저히 해야 하며, 급식소에서도 해동 시 냉장보관하지 않고 상온에 방치 또는 오랜 시간 보관하다가 급식하면 문제 발생 가능성이 높아진다.

지금 당장 냉장 · 냉동식품 콜드체인 유통시스템의 대대적인 도입 또는 점검이 필요하다고 본다. 이는 결국 식품의 유통기한과도 연동되는데, 냉장식품은 반드시 낮은 냉장온도가 뒷받침돼야 유통기한 내 안전성이 담보된다. 그리고 사람이 하는 보관온도 감시는 한계가 있다. 그래서 안전관리에 블록체인을 도입하자는 것이고 과학적 온도감시자인 스티커형 '시간-온도 지시계(Time-Temp. Indicator, TTI)'를 식품 포장에 도입해 냉장식품이 보관온도와 유통기한을 벗어나거나 냉동식품이 해동됐을 때 색깔 등으로 경고를 줄 수 있는 간편하고 객관적인 이중 감시 장치의 도입도 고려해 볼 만하다. 불량먹거리 문제의 효과적인 해결책 중 하나인 '콜드체인'이 신선 농수축산물 수요 확대, 전자상거래에 의한 배달산업의 성장과 함께 활성화하길 바란다.

• 1-1-8 •

맞춤형 건강기능식품 소분 판매 허용

식약처는 2019년 7월 3일 건강기능식품을 나눠 담아 맞춤 포장하는 소분 제조, 판매를 허용하는 '건강기능식품에 관한 법률 시행규칙' 개정안을 입법 예고했다. 빠르면 연말까지 건강기능식품을 필요에 따라 나누어 판매할 수 있도록 제한적으로 허용할 방침이라고 한다. 이 개정안은 여러 건강기능식품을 섭취하는 소비자가 휴대 또는 섭취하기 편하도록 1회 분량씩 소분, 조합해 포장해 주기를 바라는 소비자들의 강력한 니즈에 따른 것이다. 식약처는 미래 개인 맞춤형 건강시대에 대비, 신산업 영역인 개인 맞춤형 건강기능식품 제품 허용 등 혁신적 건강기능식품 관리체계를 추진 중이다. 그러나 한의협과 약사회가 이를 반대한다고 한다.

건강기능식품(건기식)은 '인체에 유용한 기능성을 가진 원료나 성분을 사용해 제조 · 가공한 식품'을 말하며, 기능성은 '인체의 구조 및 기능에 대하여 영양소를 조절하거나 생리학적 작용 등과 같은 보건 용도에 유용한 효과를 얻는 것'을 일컫는다. 이는 일상 식생활에서 부족하기 쉬운 영양소와 생리활성 물질을 보충해 줘 건강 증진과 질병 예방에 도움을 준다.

우리나라에서는 건기식의 안전성 확보, 품질 향상과 건전한 유통, 판매를 위해 「건강기능식품에 관한 법률」이 2002년 8월에 제정되었다. 일본은 1991년부터 '특정보건용식품'을 허용했는데, 법 시행 이후 시장의 수요와 규제가 맞물려 급속한 성장세는 꺾였으나, 완만히 성장하고 있다.

한국건강기능식품협회 자료에 따르면 작년 국내 건기식 시장규모는 3조 8천억 원으로 전년 대비 17.2% 성장했다고 한다. 이는 세계 시장 성장률 약

6%를 두 배 이상 웃돈 수치다. 그러나 국내 식품산업에서 건기식이 차지하는 비중은 2% 정도에 불과해 미국이나 일본은 물론 중국보다도 작다. 업계에서는 국내 건기식 시장의 성장을 저해하는 요인으로 엄격한 승인 제도 등 강력한 정부 규제를 지목하고 있다. 사실 우리나라의 경직된 기능성 표시제도와 엄격한 규제로 건기식 시장의 무질서는 어느 정도 해결했지만 전반적으로 시장을 위축시킨 것이 사실이다.

최근 식약처에서는 규제를 완화해 시장의 활력을 되찾게 하고자 맞춤형 건기식 소분포장 판매를 허용하고자 한다. 이는 각 병에 나눠진 건기식을 소분해서 개인 맞춤형으로 간편하게 만들어 판매할 수 있도록 '개인형 팩 조제'를 허용한다는 취지다. 소비자들에겐 당연히 여러 종류의 큰 병을 통째로 들고 다니며 한 알씩 두 알씩 꺼내 먹을 필요가 없으니 아주 편리한 제도다. 그러나 한의사와 약사들은 식품판매업자가 한의원에서 조제한 의약품과 유사한 형태로 건기식을 조제, 판매하게 돼 국민 건강에 심각한 위해가 발생할 것이라고 반대한다.

이 일은 반대할 일이 아니라 생각한다. 약사는 약으로 먹고 살도록 돼 있다. 식품은 식품으로 먹고 사는 사업자가 어디서든 판매할 수 있어야 한다. 그리고 건기식을 오남용한다고 국민 건강이 위협받을 정도라면 아예 허가를 해 줘선 안 되고 금지했어야 한다. 그리고 매일 일정량 배급하는 것도 아니고 소비자가 처방전 없이 여기저기서 사 먹을 수가 있어 그 누구도 통제할 수 없는 식품을 약사와 한의사가 어떻게 관리한다는 말인가? 처방전으로만 제한된 양을 살 수 있는 전문의약품도 아니고 섭취량도 제한할 수 없는 식품을 왜

약사나 한의사들이 주인인 양 목소리를 키우는지 모르겠다. 이들은 국민의 건강을 명분으로 삼았으나 실은 돈이 되는 건기식을 독점하고 싶은 탐욕이 깔려 있을 것이다.

사실 건기식 관리의 경우, 시장에 맡겨야 할 부분과 정부가 제도로 관리해야 할 부분이 있다. 물론 그 선에 대한 절대적 기준은 없다. 국가별로 정치, 경제, 사회적 여건에 따라 최적화해서 시행하기 때문이다. 그리고 제도 도입 당시 정해졌던 기준선도 시대 변화에 발맞춰 완화 내지는 강화되는 것은 당연한 이치다. 우리나라 정부도 건기식 제도를 약 15년간 운영해 오고 있는데, 순기능과 역기능을 모두 갖고 있는 것이 현실이다.

시장의 부작용 중 하나인 건기식을 의약품인 것처럼 속여 판매하는 불법적인 행태에 대한 단속은 정부가 해결해야 할 일이다. 소비자의 오인 등 마이너한 염려를 내세우며 소비자들이 원하는 건기식 소분포장 제도를 반대하는 한의협과 약사회의 태도는 명분이 없다. 식약처의 이번 결정은 국민 대다수인 소비자의 이익과 건강을 위해서 하는 일이니 소신껏 밀고 나가면 될 것이라 생각한다.

• 1-1-9 •

농약 PLS 제도 바로알기

안전사용기준이 설정된 농약만을 사용하도록 관리하는 '농약 PLS(허용물질목록 관리제도)'가 내년 2019.1.1부터 전면 시행되는 것에 맞추어 수입업체, 국내 농가, 식품업계가 난리가 났다.
이는 기준이 정해지지 않은 농약에 대해 불검출 수준(0.01㎎/kg, ppm)으로 관리하는 제도로서 2016년 12월부터 견과종실류(호두, 아몬드, 커피, 카카오 등)와 열대과일류(바나나, 파인애플 등)를 대상으로 실시해 왔고, 2019년부터는 채소, 과일 등 모든 농산물로 확대 적용된다. 또한 축산물, 수산물 PLS도 순차적으로 적용된다고 한다.

'농약잔류허용기준'이란 농작물 재배 시 사용한 농약이 최종제품에 잔류하며 인체 건강상 악영향을 주지 않는 수준으로 정부가 허용한 수치다. 이 제도는 생산자가 병해충 방제에 최소한의 농약만을 사용토록 해 국민 건강을 보호하자는 바람직한 제도다. 2018년 3월 20일 현재 농산물에 469종(207품목), 사료 포함 축산물에 84종(36품목)의 농약에 잔류허용기준이 설정돼 있고 농 · 축산물과 이를 원료로 사용한 가공식품 모두가 해당된다. 잔류허용기준이 설정되지 않은 농약이 식품에 0.01㎎/kg을 초과하여 잔류할 경우 수입이 금지된다. 그러나 등록돼 있진 않으나 수출국에서 합법적으로 사용하는 농약이라면 '수입식품 중 농약 잔류허용기준(IT)' 신청을 통해 잔류허용기준을 설정하면 된다.

농약 PLS는 농약의 오남용으로부터 국민의 건강을 보호하기 위해 국내외에서 사용이 등록돼 잔류허용기준이 설정된 농약 이외에는 사용을 금지하는 제도로 현재 유럽연합(EU), 일본, 대만 등에서 시행중이다. 미국, 캐나다, 호주 등에서는 유사한 제도로 기준이 없을 경우 '불검출(zero tolerance)'을 적용하고 있어 어쩌면 우리보다 더 엄격한 제도를 운영하고 있다고 볼 수 있다.

이 제도는 국내에서 사용되는 70~80%의 농산물을 수입에 의존하는 우리 상황에 확인되지 않은 농약이 무분별하게 사용되는 걸 우려해 수입식품의 안전관리 목적으로 도입한 어쩔 수 없는 선택으로 생각된다. 그러나 국내산 농산물도 국제 무역질서상 이 제도를 따라야 하기 때문에 국내 농민들은 불편할 수밖에 없고 그동안 해 오던 관행을 바꾸기 싫어 불평이 이만저만이 아니다.

이 PLS제도가 지금 떠들썩해졌다고 해 우리나라에서 이제야 소개된 것은 아니다. 10여 년 전부터 시행을 예고해 왔기 때문이다. 사실 그동안 등록된 농약을 사용했고, 사용방법, 시기, 횟수, 사용량과 허용기준을 잘 지켜 온 선량한 농민들과 수입업자, 식품기업에게는 전혀 두려울 것이 없다. 다만, 이를 무시하고 미등록 농약과 양에 대한 개념 없이 주먹구구식으로 농사를 짓던 농민들이나 수입업자, 식품기업들에게는 불편하고 행정처분이 두려울 수밖에 없을 것이다.

다만 열심히 노력하고 이번 시행에 준비를 철저히 해 온 생산자나 산업 역군들에게도 불편함을 주고, 불이익을 주는 일은 없는지 꼼꼼히 살펴볼 필요가 있다.

다행히도 식약처에서 신규 농약 잔류허용기준 신청 절차를 신속 · 간소화해 식품기업들의 신청 노력과 비용을 줄여 주고자 노력하고, 등록 농약 또한 그룹핑 해 한 번에 여러 농약을 하나의 군으로, 유사한 식품군을 묶어 추가 허용해 positive list를 조속히 확대하는 방안, 현재 370종이 가능한 다성분 동시 분석 대상 농약의 400종 이상으로 확대, 토양 유래 등 비의도적 오염 농약 기준의 설정, 엽채류와 곡류 등 소면적 재배작물에 대한 예외 인정, 인삼 등 다년산 작물의 예외 인정, 이해 당사자인 생산자, 식품업계뿐 아니라 전 국민을 대상으로 커뮤니케이션 강화 등의 노력을 하고 있으니 기대해 보자.

농민단체들은 시행 유예기간을 더 달라, 10년 후에 시작하자 등 많은 건의를 하고 있으나 우리 농민들의 그동안의 행동을 미루어 볼 때 지금 시작하지 않으면 다음은 없다고 본다. 게다가 이번 농약 PLS제도의 주 타깃은 수입식품이므로 계획대로 내년에 시행하는 것이 좋다고 본다. 다만 시행은 하되 행정 처분을 당분간 계도 등으로 완화시켜 운영하거나 기준 위반 부적합 수입식품의 처리문제 등 세세한 시장의 건의사항을 적극 반영하면서 연착륙할 수 있도록 유연성을 발휘할 때라 생각한다.

· 1-1-10 ·

COVID-19 이후 '식품안전관리' 패러다임 전망

과거 인류는 산업혁명 이전과 이후로 나눠졌는데, 앞으로는 코로나-19 이전과 이후로 나눠질 것이다. 전 세계가 사회적 거리두기로 사회, 경제 전반에 예측이 불가능했던 충격적 변화를 겪고 있다. 식품산업도 마찬가지다. 바로 그런 변화들을 면밀히 예측하고 다가올 '언택트 시대'를 넘어 '온택트 시대'에 대비해야 한다.

작년 2019년 12월 중국 우한(武漢)에서 '우한폐렴'이 발병한 이후 세계보건기구(WHO)는 올 1월 30일 그 원인인 신종 코로나바이러스(COVID-19, 코로나-19)에 대해 '국제적 공중보건 비상사태'를 선포했다. 우리 정부도 2월 23일 위기경보를 최고 수준인 '심각'으로 격상했고, 급기야 3월 12일 세계적 대유행인 '팬데믹(pandemic)'이 선언됐다. 2020년 8월 23일 현재 코로나-19는 전 세계에서 22,959,813명의 확진자, 799,486명의 사망자(치사율 3.48%), 우리나라는 확진자 17,002명, 사망자 309명(치사율 1.82%)으로 안정돼 가는 분위기라 다행스럽다.

이 와중에 유튜브와 SNS를 통해 식품 관련 '인포데믹(infodemic)' 부작용도 넘쳐나고 있다. 코로나가 약이 없다 보니 자가 면역에 좋은 음식을 찾는 것은 당연한 일이다. 그러나 최근 음식괴담의 정도가 도를 넘었다. 건강식으로 면역력을 높이자는 주장은 애교로 봐줄 수 있는데, 치료/퇴치용 약으로 둔갑한 엉터리 민간요법들이 판치고 있다.

사회적 거리두기, 집회 금지, 재택근무 등으로 온라인 주문, 배달 등 소위

'언택트' 마케팅이 급성장 중이다. 특히 라면, 가정대체식품(HMR), 비상식량, 건강식품 등이 특수 아이템으로 꼽히고 있다. 장류, 김치, 우유, 유산균 발효유, 단백질 음료, 고기, 홍삼 등 소위 7대 면역 강화식품이 뜨고 있고 회식이 줄어든 대신 집에서 '혼술'을 즐기는 소비자가 증가하면서 와인, 맥주 등 주류산업도 급성장 중이다. 반면 개학이 늦어지고 온라인 수업으로 대체되며, 단체급식이나 요식업체는 죽을 맛이라고 한다.

코로나 이후 식품산업의 변화로 가공식품, 장기보존식품, 비축식량, 냉동식품, 멸균식품, 건조식품 등 가공식품에 대한 선호가 높아지고 있다. 또한 온택트 소비 증가에 따른 혁신 성장 산업이 부상하고, 편의점 구매 등 대면 접촉을 최소화하고자 하는 경향이 커지고 있다. 건강 및 면역 관리가 필수 요소로 부상하며 건강식품에 대한 수요가 폭증했다. 바이러스 등 동물 유래 병원체의 지속적 발생으로 축산, 육류에 대한 거부감이 증가하고 대체육, 신식품, 신소재 식품 시장이 부상할 것으로 전망된다. 마스크, 손 소독 등 개인위생을 준수하고 안전의식이 고조돼 철저한 주변 환경 소독 습관도 생활화되고 있다.

이에 따라 식품안전관리 패러다임이 크게 변화할 것이다. 가공식품에 대한 선호가 늘면서 식품의 판매기한을 의미하는 유통기한을 넘어 수명을 알려 주는 '소비기한제도' 도입이 예측된다. 냉장, 냉동, 실온 등 보관 · 유통기준 표시의 유연성이 확보되며, 환경과 보존성을 고려한 포장재 · 포장방법 관련 규제가 완화될 것으로 보인다. 또한 새로운 유형의 가공식품, 새로운 제조공법, 신식품 등에 대한 허가요건과 유형별 기준규격에 대한 유연한 제도 운영이 예상된다. 온택트 소비가 증가하면서 온라인 배송업, 편의점 업종에 대한 규제도 개선될 것으로 전망된다. 공유주방, 주류배달, 해외 직구, 온라인 배달, 새벽배송, 자판기, SNS 광고 및 구매 등 관련 규제의 완화와 합리화 과정이 진행될 것이다.

코로나-19 이후 부상한 건강기능식품의 표시, 온도 등 보존 · 유통기준 등 안전관리 제도의 패러다임이 변화할 것이다. 개인위생과 안전관리에 대한 사회적 니즈 증가로 정부의 식품안전 규제는 보다 강화될 것이며, 반면 진단 · 시험법, 소독, 신식품, 신소재 등 안전 관련 혁신 성장산업은 규제 샌드박스의 적용 등 인허가에 유연한 입장을 취할 것으로 예상된다. 또 블록체인 기술 활용 이력추적시스템, 지능형 스마트 감시시스템, 시간-온도감지 지시계 등 4차 산업혁명에 따른 스마트 식품안전 감시체계가 발전, 도입될 것으로 전망되며 이로 인해 더욱 엄격하고 철저한 식품 안전관리가 가능해질 것이다.

식품산업에 있어 코로나-19는 득(得)도 실(失)도 주고 있으나 전반적으로 더 큰 기회의 장이라 생각된다. 새롭고 다양한 비즈니스 모델이 등장할 것이고 온택트 마케팅이 일상화될 것이며, 이에 발맞춰 안전관리 또한 강화될 것이다. 식품산업 종사자들은 이에 대한 발 빠른 대비가 필요하다.

• 1-2-1 •

「식품표시광고법」 제정안에 대한 생각

여러 법률에 흩어져 있는 식품 표시 · 광고 규정이 통합된 「식품 등의 표시 · 광고에 관한 특별법(이하 식품표시광고법)」 제정안이 마련됐다. 입법 예고된 식품표시법의 주요 내용은 "분산된 표시 · 광고 규정 통합, 거짓 · 과장 등 금지하는 표시 · 광고 기준 정립, 표시 · 광고 사전심의 제도를 자율심의 제도로 전환, 표시 · 광고 내용 실증제 도입, 소비자 교육 · 홍보 의무화" 등이다.

식품 관련 법과 제도는 식품이 상품으로 판매되고 사람 간 돈거래가 있는 곳에서는 꼭 발생해 왔던 무게 조작, 상하거나 값싼 식재료 대체 사용, 불법 유해첨가물 등 식품 상행위 관련 부정행위를 근절하기 위해 만들어졌다. 미국 또한 230년 짧은 역사에도 불구하고 병에 걸리고 부패한 고기의 판매금지와 처벌을 시작으로 200여 종이나 되는 많은 법령이 제정됐다. 식품안전 최고 선진국가인 유럽연합(EU)에서도 여전히 말고기스캔들, 유기농계란 등 속임수 불량식품 사범이 계속되고 있고, 중국 역시 자국산 우유나 식재료를 국민들이 외면할 정도로 불량식품 문제로 골머리를 썩고 있다.

우리나라는 비록 반만년의 역사를 자랑하고 있지만 식품위생 관련 법령은 가장 늦게 갖추어진 나라다. 우리나라 「식품위생법」은 54년 전인 1962년에야 만들어졌고, 안전관리 행정체계 또한 18년에 불과한 식약처 역사를 보듯 가장 후발 주자였다. 그러나 일천한 역사에도 불구하고 가장 빠르게 진화하는 나라다.

2014년에 정부의 불량식품 근절정책의 수행정도를 식품안전전문가 25명이 평가한 적이 있었다. 국민 식생활 안전 확보에 대한 불량식품 근절정책의 중요성은 대부분(88%) 공감했고, 정책의 성공적 추진을 위해 '관련 법과 제도', '행정조직의 전문성'을 가장 중요하다고 평가했다. 이처럼 법과 제도는 식품안전관리의 근간으로 경제사회적 변화와 발전에 따라 당연히 시시때때로 개정돼야 하는데, 특히 우리나라처럼 빠르게 발전하는 나라는 더욱 자주 정비해야 한다.

우리나라의 식품 표시제도는 「식품위생법」, 「축산물위생관리법」, 「건강기능식품에 관한 법률」 등 3개 법령과 식품 등의 표시기준, 축산물의 표시기준, 건강기능식품의 표시기준, 유전자변형식품등의 표시기준 등 4개 고시로 각각 운영되고 있어 식품표시 정책의 일관성 부족 및 국민의 혼란이 발생하고 있다. 그 외 원료의 원산지 표시(「농산물품질관리법」, 「수산물품질관리법」, 대외무역관리규정), 유기가공식품(「친환경농업육성법」, 「식품산업진흥법」), 유전자재조합식품(유전자재조합식품등의 표시기준), 주류(「주세법」), 용기 · 포장재질표시(「자원의 절약과 재활용촉진에 관한 법률」) 등에 대해서는 다른 법률로 관리하고 있다. 특히, 국민의 권리 · 의무에 관한 표시관련 규정의 기본적인 사항을 법률에서 규정해야 함에도 하위법령 또는 행정규칙으로 포괄적 위임한 문제가 있었다.

전 세계적 트렌드가 식품산업의 발전에 따른 소비자의 알 권리 확대 등으로 다양화돼 가는 식품표시를 하나의 법으로 통합하는 추세다. 일본은 2013년「식품표시법」을 제정하여 식품표시 관련 규정을 통합했으며, EU도 2011년 식품표시와 관련한 10개 규정을 일원화하여 단일 규정으로 운영하고 있다.

따라서 개별법과 고시에 산재되어 있는 식품표시 규정을 통합하는 식품표시법을 제정해 위의 문제들을 바로잡고자 하는 우리 식약처의 시도는 매우 시의적절한 조치라 생각한다. 또한 식품 및 건강기능식품의 표시 · 광고는 헌법 제21조 제1항이 보장하는 언론 · 출판의 자유의 보호 대상이며, 해당 내용은 사전검열에 해당하여 위헌이 될 소지가 크므로 사전 심의 규정을 삭제하고 자율심의제도로 전환한 것 또한 시장경제의 자연스러운 흐름으로 타당하다고 본다. 그리고 부적절한 표시 · 광고의 유형을 법률에서 명확하게 구분하고 하위법령에서 세부내용과 범위를 정하도록 해 표시와 광고의 법 위반 여부에 대한 사전예측이 가능토록 적절히 개선했다. 게다가 표시 · 광고 내용의 '실증제 도입'은 매우 시의적절하다. 가뜩이나 TV, 언론에서 근거 없이 또는 근거가 있다 하더라도 지나치게 확대 해석해 사리사욕에 기반한 엉터리 정보, 과대광고를 일삼고 소비자를 오해시키는 행위에 대해서는 반드시 책임을 묻고 처벌제도 또한 마련해야 할 것이다.

다만, 자율은 자율이다. 자율심의제도를 자가품질검사 제도처럼 정부에서 보고를 받거나 책임을 부여해서는 안 될 것으로 생각된다.

· 1-2-2 ·

식품표시, 소비자 중심으로 개편

식품의약품안전처는 소비자들이 식품의 영양정보를 보다 쉽게 이해할 수 있도록 포장단위(총 내용량) 기준으로 영양성분 함량을 표시하는 것을 주요 내용으로 하는 '식품 등의 표시기준'일부개정고시(안)을 2016년 1월 14일 행정 예고했다. 개정고시안의 주요 내용은 영양성분 표시단위 및 표시방법 개선, 영양표시 도안 개선, 소분제품의 영양표시 개선 등이다. 영양성분 함량을 기존에는 1회 제공량당 또는 100g(㎖)당, 1포장 당 함유된 값으로 업체마다 다르게 표시하던 것을 총 내용량(1포장) 기준으로 통일한다. 영양성분 표시 순서도 현행 "탄수화물, 당류, 단백질, 지방, 포화지방, 트랜스지방, 콜레스테롤, 나트륨" 등 에너지 급원 순에서 소비자 관심도가 높은 "나트륨, 탄수화물, 당류, 지방, 트랜스지방, 포화지방, 콜레스테롤, 단백질" 순으로 바뀐다.

최근 식약처는 그간의 소비자 불만과 요구를 반영해 '식품표시'를 소폭 개선했다. 즉, 한 봉지, 한 캔 등 포장단위(총 내용량) 기준으로 영양성분 함량을 표시하게 된 것이다. 다만, 한 번에 먹기 힘든 대용량 제품은 다른 제품과 비교하기 쉬운 '100g(㎖)' 기준으로도 표시할 수 있다. 아울러 어려웠던 전문용어였던 1회 제공량, 1회 제공기준량을 '1회 섭취 참고량'으로, 영양소 기준치를 '1일 영양성분 기준치'로 쉽게 변경한다. 영양표시 도안 제목 또한 '영양성분'에서 '영양 정보'로 바꾸면서 크고 굵게 표시해 쉽게 구분되도록 했다. 게다가 영양성분 표시 순서를 에너지 급원 순에서 만성질환 등 국민 보건상 중요성과 소비자의 관심도를 감안해 나트륨, 탄수화물, 당류, 지방, 트랜스지방, 포화지방, 콜레스테롤, 단백질 순서로 개정했다.

오랫동안 유지돼 왔던 공급자 중심의 표시가 소비자 중심으로 개편된 자연스런 변화라 생각된다. 특히, 가장 헷갈리고 계산하기 어려워 눈에 들어오지 않던 표시사항이 바로 '1회 제공량 당 열량'이었다고 생각된다. 그동안에는 한 봉지, 포장 전체가 아니라 한 번 먹는 추정섭취량을 공급자 중심으로 일괄 추정해 1회 제공량으로 정하고 이를 기준으로 열량을 표시하니 소비자는 가뜩이나 영양소, 열량표시 등을 잘 보지 않고, 봤다 하더라도 잘 몰랐었다. 게다가 소비자들이 음식을 무게 재면서 먹는 것도 아니라 정말 실효성이 없었던 표시를 위한 표시제도였었다고 생각했었다.

게다가 업체들이 제멋대로 정해 사용하던 1회 제공량 때문에 표시에 대한 소비자 혼란이 극에 달했다. 이 문제는 식약처의 '고열량 저영양식품(고저식품)' 등 영양정책이 단초가 되었고, 이를 교묘하게 빠져 나가려 1회 제공량을 줄여왔던 기업 또한 공범이라 생각한다. 즉 기업들은 그간 고저식품에 해당되지 않도록 1회 제공량을 조절해 열량, 당류 등을 낮춰 표기해 왔었다.

식품에 표시(Food label)해야 할 항목은 첫째 '제품명'과 '식품의 유형'이다. 과자, 캔디류, 빙과류, 혼합음료, 신선 편의식품 등 식품공전 상 정해진 식품유형을 표기한다. 그다음 '업체명 및 소재지'와 '제조연월일'을 표시한다. 물론 품질유지기한, 유통기한으로 표시하기도 한다. 다음으로 '내용량'과 '원재료명 및 함량', '성분 및 함량', '영양성분'을 표시한다.

식품의 표시제도는 소비자와 기업 간의 약속이므로 건전한 상거래 질서를 유지하기 위해 법적으로 엄격하게 관리하고 있다. 소비자는 재화를 지불하는 대가로 구매하고자 하는 식품에 관한 모든 정보를 알 권리가 있고, 기업은 반대로 위생적인 취급과 안전성을 보장하고 표시에 담긴 약속을 이행할 의무와 책임이 있다. 그러나 우리 소비자들은 표시를 잘 읽지 않는다. 습관이 되지 않은 것인데, 어쩌면 읽어 봐도 무슨 말인지 잘 모르기 때문이었던 것 같다.

금번의 개정된 표시제도는 소비자에게 매우 편리하고 바람직한 정책의 혜택을 준 좋은 기회라 생각한다. 본 개정안은 표시에만 국한된 문제가 아니라 우리나라 정부의 영양정책과 기업의 대응이 꼬리에 꼬리를 물고 만들어 낸 악순환의 꼬리를 끊어 낸 좋은 사례라 생각한다. 즉, 국가 정책의 강력한 영향력과 나비효과를 보여 준 전형적인 예인데, 이번 기회를 타산지석으로 삼아 앞으로 정부는 식품안전 및 영양정책 입안 시 사전에 사회, 경제적 영향평가를 더욱더 철저히 수행하는 계기가 됐으면 한다.

• 1-2-3 •

음식 알레르기의 급증과 남발하는 식품 알레르기 표시

2017년 한국소비자원 소비자위해감시시스템(CISS)에 접수된 식품 알레르기 관련 위해사고는 835건으로 2년 전 2015년의 419건에 비해 약 2배 증가했다고 한다. 특히 소아 알레르기 발생이 늘어가고 있다고 한다. 이에 시장에서는 알레르기 주의 표시를 한 제품이 급증하고 있다.

우리나라의 알레르기 제품 표시는 법적으로 의무이긴 하나 환자 발생 시 책임을 회피하거나 회수(recall) 면책 목적으로 하지 않아도 되는데도 표시를 하는 경우가 매우 많다고 한다. EU(유럽연합), 미국 등 선진국에서는 알레르기 유발 원재료에 대해서는 표시가 의무지만 유발물질 혼입가능성에 대해서는 자율표시다.

소비자원은 우리나라는 협행 법상 원재료 표시와는 별도로 혼입 가능성이 있는 알레르기 유발물질에 대해 주의 · 환기 표시를 의무화하고 있는데, 기업들이 이를 악용하고 있다고 주장했다. 소비자원의 조사에 따르면 특히 어린이음료 30개 중 알레르기 유발물질을 원재료로 사용한 제품은 8개(26.7%)에 불과했으나, 28개(93.3%) 제품에 별도의 주의 · 환기 표시가 있었다는 것이다.

전 세계적으로 식품 알레르기 환자가 급증하는 추세인데, 어린이는 5~8%, 성인은 3~4%가 알레르기 과민증이라고 한다. 식품유래 과민증으로 입원한 어린이 수 또한 1990년 이후 700% 증가했다고 한다. 음식알레르기 과민반응자가 늘어나는 원인은 명확하지 않으나 아마도 문명의 발달로 인한 식습관의 변화와 위생수준의 향상 때문인 것으로 추측된다. 영국 식품기준청(FSA)이 일반인의 약 30%가 알레르기 반응을 갖고 있는 것으로 추정할 정도로 그 상황은 심각하다.

알레르기 반응은 단순한 피부 종기로부터 호흡곤란이나 심장마비까지 다양하다. 가장 심각한 경우는 아나필락시스 증상으로 5~15분 내에 사망할 수도 있다. 그러나 아드레날린 주사를 즉시 투여할 경우 대부분 목숨을 건지지만 해독제는 없다.

알레르기를 피하는 방법은 무엇보다도 자신의 알레르기 민감성을 알고 있어야 하고 식품 구매 시 '알레르기 주의표시'를 항상 확인하는 습관을 가지는 것만이 만에 하나 발생할 수 있는 알레르기 피해를 예방하는 길이라 생각한다.

제품에 알레르기 주의 표시를 한 경우, 알레르기 유발물질이 검출되더라도 회수대상에서 제외되니 기업 입장에서는 당연히 보험적 성격으로 표시를 할 수밖에 없다. 이렇게 알레르기 표시가 남발되고 가뜩이나 부족한 표시 공간에 알레르기 주의 표시까지 들어가니 점점 표시할 내용이 많아지고 가독성은 떨어질 수밖에 없다.

모든 제도는 일장일단이 있다. 알레르기 유발 원재료 외 혼입 가능성이 있는 물질까지도 표시를 의무화하는 것은 국민 건강에 약간은 도움은 되겠지만 이런 단점들도 감수해야 한다. 결국 정부의 정책적 판단이 필요한 시점인데, 선진국처럼 자율표시로 하고 표시 여부와 상관없이 알레르기 유발물질이 혼입된 경우, 그것도 정량적 기준을 만들어 초과 검출된 경우 회수해야 한다고 생각한다.

• 1-2-4 •

일반식품 기능성 표시 허용

2019년 3월 14-15일 '4차산업혁명위원회'가 주최한 식품 기능성 표시 규제혁신 해커톤 토론회에서 3월 14일 공포된 「식품 등의 표시 · 광고에 대한 법률」(이하 식품표시법) 시행령 3조(부당한 표시 또는 광고의 내용)의 내용을 식약처장 고시로 구체적으로 만들어 일반식품의 기능성 표시를 가능토록 합의했다고 한다. 일반식품에도 기능성 표시의 길이 열린 것이다. 그동안 건강기능식품만 기능성 표시를 할 수 있었고 일반식품에 대한 기능성 표시는 농식품부에서는 찬성, 식약처에서는 반대해 왔던 사안이었다. 기업 스스로가 CODEX 가이드라인에 따라 생리활성 기능이 있다고 판단되면 자율적으로 표시하되, 무한책임을 진다는 내용이다. 향후 더 구체적인 생리활성의 기준, 기능성 표현 범위 등은 민 · 관 공동 TF를 구성해 향후 6개월간 만들 예정이라고 한다.

수년 전, 일본에서는 이미 국가가 아닌 사업자가 식품의 기능과 안전성을 입증하면 건강효과를 제품 표면에 표기할 수 있는 자율적 '기능성표시 식품 제도'가 시행됐다. 이 제도는 아베 정권이 성장전략의 일환으로 '국민 건강 증진에 기여할 수 있는 기업의 노하우를 이끌어 내 경제를 활성화시키는 것'을 목적으로 만들어진 것으로, 2016년 4월 시행하자마자 건강보충영양제 135개, 가공식품 144개, 신선식품 3개 등 총 282개 품목이 승인받았다고 한다.

일본은 1991년부터 '특정보건용식품'을 허용했고, 우리나라는 2002년 「건강기능식품에관한법률」을 제정해 2004년부터 시행했다. 법 시행 이후 시장의 수요와 규제가 맞물려 급속한 성장세는 꺾였으나, 경제 성장과 건강에 대한 관심 증가로 완만히 성장하고 있다. 한국건강기능식품협회에 따르면 작년 국내 건강기능식품 시장 규모는 3조8천억 원으로 전년 3조2천억 원 대비 17.2% 성장했다. 이는 세계 시장 성장률 약 6%를 두 배 이상 웃돈 수치다. 그러나 국내 식품산업에서 건강기능식품이 차지하는 비중이 약 2%에 불과해 미국이나 일본은 물론 중국보다 낮은 상황이다. 업계에서는 국내 기능성식품 시장의 성장을 저해하는 요인으로 기능성식품에 대한 엄격한 승인 제도 등 강력한 정부 규제를 지목하고 있다. 사실 우리나라의 경직된 표시제도와 엄격한 규제로 건강기능식품 시장의 무질서는 어느 정도 해결했지만 전반적으로 시장을 위축시킨 것은 사실이다.

일본은 식품의 '기능성표시제도' 도입 이후 식품의 건강효과를 전면 표기토록 함으로써 효능을 보다 쉽게 소비자에게 알려 일반식품의 판매가 눈에 띄게 증가했다고 한다. 특히, 이 제도 도입 후 1년 동안 내장지방 감소효과로 차별화에 성공한 요구르트와 혈류 유지 및 식후 지방억제 기능을 표시한 '오~이오차' 등 차(茶)와 음료류가 크게 성공했다고 한다. 특히 "혈중 콜레스테롤이 걱정되는 사람에게…….."라는 기능성을 표시한 토마토주스가 선풍적 인기를 끌었다고 하며 유산균 초콜릿 기능성 표시로 일본에서는 500억 원의 매출을 올린 반면 한국에서는 인지도가 없었다는 이야기도 있다. 김치도 마찬가지인데, 신 김치에 유산균이 많아도 그 기능성을 표시할 수가 없어 안타까웠다고 한다.

이러한 기능성 표시제도 하나로 실제 일본 건강식품 시장규모는 약 1.5조억 엔, 보건기능식품은 약 7,115억 엔 규모로 성장했으며, 이 중 기능성 표시 시장은 1,975억 엔으로 약 27%를 차지한다고 한다. 기능성 표시 식품은 영양제가 49.2%, 기타 가공식품이 42.6%, 신선식품이 8.2%를 차지한다고 하며, 과자, 음료 등 일반식품으로까지 그 범위가 점차 확대되는 추세다. 일본 정부가 실시한 광범위한 대상 성분에 대한 신고제, 임상시험과 연구 리뷰를 통한 유효성 검증 등 식품 기능성 인정과 표시 규제 완화 덕분에 일본 식품시장의 추가 성장과 글로벌화가 가능했던 것으로 보고 있다.

국제식품규격위원회(CODEX)는 '건강 강조표시(Health Claim)'를 "식품 또는 그 구성성분과 건강에 관련된 기능성의 관계를 진술, 제안 또는 암시하는 모든 표현"으로 정의하면서 '영양소 기능 표시', '질병 발생 위험 감소 표시', '기타 기능 표시' 등 3가지로 분류했다. 전 세계에서 '건강기능식품'이라는 특정한 식품 카테고리를 지정해 규제하는 나라는 한국밖에 없다고 한다. EU, 미국, 일본, 중국 등 대부분의 국가들은 식품의 기능성을 표시제도로만 제한하는 정도다. 또한 건강기능식품을 일반식품과 이원화해 관리하기보다는 기존 식품의 안전관리 체계의 틀 내에서 운영하고 있다는 것이다.

기존에는 농산물이나 일반식품에 대한 기능성 표시가 불가능했었다. 그러나 일반식품의 기능성 표시가 건강기능식품과 달리 정부에서 인정하는 것이 아닌, 기업이 자율적으로 증명하고 책임지도록 했다는 점이 이번 합의의 핵심이다. 기업 스스로가 기능성을 입증해 책임지고 표시하고 소비자와의 분쟁은 시장에서 각자 해결토록 한 것인데, 선진적이고 바람직한 방향이다. 식품의 기능성은 정부가 관여해서는 안 된다고 생각한다. 일반식품의 기능성 표시 수준은 소비자의 수용도 등 시장에서 정하도록 해야 자연스럽다. 오히려 기업 자율에 맡기다 보면 기업이 전적으로 책임져야 해 눈치를 더 볼 수도 있어 표시나 광고 수준이 지금보다 더 완화될 가능성도 크다고 본다.

그러나 모든 제도가 그러하듯이 금번 일반식품 기능성 표시제도도 산업과 사회에 미치는 영향이 다양하다. 경제 침체기에 접어들은 우리 식품산업은 HMR시장 외 전체적으로 성장이 둔화되고 있어 돌파구가 될 수가 있다고 생각한다. 그동안 효능 좋은 제품을 개발했더라도 표시법에 위배돼 제품의 우수성을 마음대로 알릴 수 없어 속앓이를 해 오던 식품업계는 이번 기능성 자율표시제를 환영하는 분위기다. 또한 일반식품에 기능성 표시가 허용되면 소비자에게도 이익이다. 알 권리뿐 아니라 상대적으로 고가(高價)인 건강기능식품 시장을 대체해 저렴하고 식도락을 즐기면서 건강기능을 즐길 수가 있기 때문이다.

물론 장점이 많은 제도이나 표시 대상과 유효성분의 함량 등을 명확히 해 인체 효능도 없는 미미한 양만의 유효성분을 갖고 있는 농식품이나 일반식품에 기능성을 표시해 애꿎은 소비자만 피해 보는 일은 막아야 할 것이다. 또한 선의의 '과대광고 및 표시위반 범법자'를 방지하기 위해 '기능성 표시 가이드라인'도 사전에 마련해 놔야 한다. 특히 생산 · 판매자와 쇼 닥터의 방송, 홈쇼핑 등에서의 허위, 과대 광고성 멘트 등도 이참에 그 허용범위와 책임, 처벌 등 규제 또한 갖춰 놔야 한다고 본다.

사실 건강기능성 표시 관리의 경우, 시장에 맡겨야 할 부분과 정부가 규제로 관리해야 할 부분이 있다. 물론 그 선에 대한 절대적 기준은 없다. 각 나라별로 정치, 경제, 사회적 여건에 따라 최적화해서 시행한다. 이번에 도입하기로 한 일반식품 기능성 표시 외 지난 20년간 운영해 오고 있는 건강기능식품 제도도 순기능과 역기능 모두 갖고 있다. 그동안 건기시장 질서 유지의 역할도 컸다고 보지만 정부는 안전성만 관리하면 되고 기능성은 시장에 맡겨야 한다고 본다.

· 1-2-5 ·

EU 육류업계의 대체육 고기 표시 반대

2019년 4월 초, 유럽의회 농업위원회가 채식주의자의 비건식품(Vegan foods)의 표시나 제품 설명에 전통적으로 써오던 고기 관련 명칭인 스테이크, 소시지, 버거 등의 사용을 금지하는 법안을 승인했다. 이에 식물성 기반 대체육 식품 표시에 고기 관련 명칭 표기 허용 여부가 뜨거운 감자가 돼 유럽 대륙에서 채식주의자들과 육류업계 사이에 큰 논쟁이 벌어졌다.

만약 이 법안이 다음 달 유럽의회에서 처리되면 비건식품(Vegan food) 표시에 고기 관련 명칭을 쓸 수 없게 된다. 영국 육류가공협회의 로비로 시작된 규제라 봐야 하는데, 소비자의 혼동과 오인을 명분으로 삼고 있다. 그러나 영국의 비건협회는 "비건식품에 대한 고기 관련 명칭 사용 금지는, 명백한 표시(clear labelling)에 관한 EU법을 무시하는 처사로 유럽 시민들의 알 권리를 침해하는 것이며, 이번 법안은 소비자를 위한 게 아니라 육류업계의 이익을 위한 로비의 결과물일 뿐"이라며 항의하고 있는 상황이다.

세계 각국의 대체육 산업 관련자들은 이 결과에 촉각을 곤두세우고 있다. 하나의 신산업이 만들어지느냐 규제로 사라지느냐가 걸린 큰 문제이기 때문이다. 우리나라에도 타다와 기존 택시업계 간의 갈등, 우버택시가 진입하지 못하게 규제로 막고 있는 행태들이 같은 맥락이라고 본다. 기존의 기득권들이 자신들의 이익을 위해 새로이 시장에 진입하려는 경쟁자들을 힘과 규제로 깔아뭉개려는 시도라고 봐야 한다.

육류 대체식품 시장이 커 가는 이유는 육류 섭취가 몸에 나쁘다는 인식의 확산과 광우병, 조류인플루엔자(AI), 구제역, 아프리카돼지열병 등으로 인한 고기에 대한 불신이 큰 역할을 했다고 본다. 게다가 지난 2015년 10월 26일 세계보건기구(WHO) 산하 국제암연구소(IARC)에서 소시지, 햄, 핫도그 등 가공육을 담배나 석면처럼 발암 위험성이 큰 1군 발암물질(Group 1)로 분류하고 "붉은 고기의 섭취가 암을 유발할 가능성이 있다"는 평가를 내리는 바람에 시장에서 위기를 맞고 있다. 특히 최근 기후 온난화의 주요 원흉으로 고기 생산이 지목받고 있고 이산화탄소 발생과 가축들의 배설물 처리 등 환경보호 측면도 있다고 봐야 한다.

시장조사업체 유로모니터에 따르면 대체육의 글로벌 시장규모가 2020년에는 약 30억 달러로 급성장할 것으로 예상했다. 육류를 즐기고는 싶으나 체중관리 등 건강과 환경을 위해 육류 소비를 줄이고자 하는 행동과 더불어 채식주의자가 늘고 있어 육류 대체식품 시장이 더욱 핫해지고 있다. 동물 보호나 친환경, 윤리적 소비에 대한 관심이 높아지며 소수의 취향으로만 여겨졌던 비건이 전 세계적으로 번지고 있기 때문이다.

대체육이란 육류와 같은 동물성 재료가 아닌 식물성 재료를 이용하여 고기의 맛이 나도록 한 음식을 말하는데, 식물성 고기와 배양육이 있다. 식물성 고기는 야채나 콩, 견과류 등에서 추출한 식물성 단백질을 이용해 만든 인조 고기를 말하는데, 밀의 글루텐을 이용한 '세이탄'이 대표적이다. 그러나 이전에 시도된 콩고기나 밀고기는 맛과 향, 식감이 고기와 많이 달랐으나, 지금은 진짜 고기와 구분하지 못하는 수준까지 올라왔다고 한다. 또한 빌 게이츠, 에

반 윌리엄스, 김정주 등 하이텍 분야의 세계적 유명 인사들이 식물성고기 기술에 주목하고 있고 2016년 6월 8일 발표된 구글 에릭 슈밋 회장의 7가지 관심 사업 중 하나로 꼽히기도 했다.

국내 식품시장도 이런 흐름에 발 빠르게 대처하는 중이다. 11번가의 육류 및 생선류를 대체하는 채식 품목의 매출은 최근 5년간 꾸준히 증가하고 있으며, 특히 비건푸드인 콩고기 매출은 전년 동기 대비 22%나 증가했다고 한다. 또한 G마켓의 비건식품도 비슷한 상황이라고 한다. 동원F&B도 미국 대체육 시장을 주도하는 '비욘드미트(Beyond Meat)'를 수입, 판매 중에 있는데, 지난 2019년 4월 출시 한 달 만에 1만 팩이 팔려 나간 바 있다. 롯데푸드도 국내 식품업계 최초로 직접 식물성 대체육 제품을 개발했는데, 2019년 4월 '엔네이처 제로미트'란 브랜드를 론칭했다. CJ제일제당과 풀무원 또한 육류 대체를 미래 전략사업으로 키울 계획이라고 한다.

최근 맥도날드는 햄버거 소고기 패티에 항생제 사용을 줄이는 정책을 발표했다. 성장호르몬과 항생제를 투여하지 않는 윤리적 사육방식에 한 발 더 나아가 식물성 대체육과 배양육이 그 핵심이다. 맥도날드와 KFC는 비욘드미트社와 공동으로 식물 기반 버거와 치킨 너겟 및 날개를, 버거킹은 대체육 제조사인 임파서블 푸즈 사에서 납품받은 패티로 만든 버거를 시험 판매하기로 했다. 네덜란드의 정육점인 드 베지테리시 슬래저에서는 고기의 맛과 질감을 살리면서 영양이 풍부한 식물성 고기를 판매하고 있다고 한다.

이렇듯 대체육 시장은 글로벌 식품시장에서 핫한 미래 먹거리로 떠올랐다.

기존의 육류업계는 새로운 대체육 시장을 인정해야 한다. 대세를 힘으로 눌러 막으려 한다고 막아질 일이 아니라고 본다. 오히려 대체육 산업과 동반성장, 상생(相生)할 수 있는 선제적 대안을 마련해야 할 시점이라 생각한다.

• 1-2-6 •

GMO 완전표시제 도입 시기에 대한 고찰

57개 소비자 · 농민 · 환경단체들로 구성된 'GMO 완전표시제 시민청원단'은 GMO 완전표시제 법제화 촉구를 위한 20만 청와대 청원을 개시에 들어갔다고 한다. 이들은 2018년 3월 12일 청와대 분수대 광장에서 기자회견을 개최하고 △GMO를 사용한 식품에 예외 없는 GMO표시 △공공급식, 학교급식에 GMO식품 사용 금지 △Non-GMO 표시를 막는 현행 식약처 고시 개정 등을 촉구했다. 시민청원단은 "GMO 완전표시제의 빠른 도입은 소비자 알 권리를 강화하는 효과와 함께 GMO 수입, 유통 관리 체계가 바로잡힐 수 있는 큰 압력이 될 수 있기 때문에 빨리 시행해야 한다"고 촉구했다.

인류는 GMO(유전자재조합작물)를 통해 식량부족 문제를 해결하고자 했다. 전 세계 곡물 수확량의 절반이 경작이나 저장과정에서 해충의 공격이나 감염으로 사라지고 있어 해충, 잡초, 바이러스 감염에 대한 저항성을 향상시킨 GMO를 개발해 온 것이다.

1996년부터 미국을 중심으로 재배되기 시작했는데, 작물별로는 콩(50%), 옥수수(31%), 면화(14%), 캐놀라(유채)(5%) 등 4개 작물이 대부분을 차지하고 있다. 국가별로는 미국(45%), 브라질(17%), 아르헨티나(15%), 인도(6%), 캐나다(6%), 중국(2%) 순으로 주요 6개국이 전 세계 생산량의 90% 이상을 차지하고 있다. 우리나라는 '콩, 옥수수, 면화, 유채, 사탕무, 알팔파' 6개 농산물만을 GMO로 허용하고 있는데, 식용 또는 가축사료용으로 가장 많이 사용되는 '콩과 옥수수'가 주된 논란거리다.

57개 시민단체가 모여 만든 'GMO 완전표시제 시민청원단'은 시작 일주일 만에 4만 5천 명이 참여했다고 한다. 요구(안)을 살펴보면 "GMO를 사용한 식품에 예외 없는 GMO표시"는 명분이 있고 이해가 간다. 이런 방향으로 가야 하는 것은 맞다고 본다. 게다가 Non-GMO 표시를 막는 현행 식약처 고시 개정 요구는 같은 맥락이라 명분도 있다.

그러나 "공공급식, 학교급식에 GMO식품 사용 금지"는 너무나 속이 보인다. 식약처에서 GMO 시판을 허가하지 않으면 몰라도 전 세계적으로 안전성이 입증돼 시판 중인 것을 아무리 공공급식이지만 사용 금지하자고 요구하는 건 명분이 없다고 본다. 환경단체는 자연보호, 소비자 단체는 소비자 알 권리, 그러면 농민이나 생산자단체는 무슨 명분일까? 소비자의 건강과 생명을 지키자는 것인가? 우리나라 농민들은 Non-GMO만을 생산한다. 국내산 농산물을 소비자에 파는 것만으로는 부족해 집단급식, 공공급식에 공급하는 가공식품에도 Non까지 팔기 위한 것이라는 생각을 지울 수가 없다. 아마도 "공공급식, 학교급식에 Non-GMO 사용, 로컬푸드 사용"이라고 요구하고 싶었을 것인데, 눈치가 보여 여기까지는 가지 않은 것 같다.

그러나 전 국민의 명분과 지지를 얻으려면 "공공급식, 학교급식에도 GMO 식품 표시"라고 주장했어야 일맥상통하고 공익적 명분이 설 텐데, GMO식품 사용을 금지하라는 것은 결국 Non-GMO, 특히 자신들이 생산하는 국내산 농산물을 사용하라는 이야기라 그 의도가 순수하지 못한 것 같아 뒷맛이 씁쓸하다.

'GMO 완전표시제'는 명분 있고 가야 할 방향은 맞다. 그러나 문제는 타이밍이다. 지금 우리나라에서 도입되면 득(得)보다 실(失)이 많을 것이라 생각된다. 소비자들에게 더 큰 혼란을 초래할 수 있고 단백질이 아닌 유지나, 탄수화물(당) 등과 같은 식품에서는 GMO의 DNA가 남지 않는데다가 과학적인 검사로도 알아낼 수가 없어 정부도 업체도 관리가 불가능하기 때문에 매우 신중히 접근해야 한다. 특히 소량의 다양한 재료들이 섞이는 복합원재료의 경우는 GMO의 DNA 존재 여부를 확인하고 관리하는 것 자체가 더더욱 불가능하기 때문이다.

게다가 그동안 수십 년간의 GMO연구로 우리나라 토양과 국내산 농산물도 광범위하게 GMO에 오염돼 있다고 추측된다. 만약 이 추측이 사실로 드러난다면 현재의 3% 비의도적 혼입허용치에 걸려 억울하게도 농민들이 생산한 Non-GMO가 GMO로 간주될 수가 있고 또한 일각의 주장에 따라 유럽(EU)과 같은 0.9%의 비의도적 혼입 허용치로 변경될 경우 더더욱 많은 국내산 농산물이 GMO로 처분받을 수가 있어 득실을 좀 더 따져 봐야 한다. 우리나라가 GMO-free 청정지역이라고 누구도 이야기할 수 없어 위태롭기만 하다. 지난 5월 태백산 유채꽃 축제장에서 GMO 양성반응을 보인 유채가 발견돼 축제가 전면 취소된 사례가 있었고, 9월에는 충남 예산시 국도변에서 GMO 유채의 자연개화가 발견됐다. 수입 낙곡 등으로 인한 노지재배 과정에서의 GMO 외부 유출이나 지난 13년 동안 해 왔던 GMO연구로 우리나라 농산물도 비의도적으로 오염됐을 수도 있는 상황이다.

우리나라는 현재 대만과 같이 GMO 작물이 비의도적으로 혼입된 경우 3%

이내까지는 '유전자변형식품(GMO) 표시'를 하지 않아도 통관 및 판매될 수 있다. 그러나 유럽연합(EU)은 0.9% 이내, 호주 · 뉴질랜드는 1% 이내, 일본은 5% 이내로 허용하고 있다.

현재 GMO에 대한 입장은 국가마다 다르다. GMO의 국가로 불리는 미국은 당연히 관대한 입장을, 식량의 자급자족이 가능하고 Non-GMO도 남아돌아 수출까지 하고 있는 EU에서는 엄격한 제도를 도입해 non-GM을 외치고 있다. 그러나 사실 EU는 미국으로부터 값싼 GM사료를 수입해 고기를 생산하고, Non-GMO로 둔갑시켜 비싸게 팔고 있다. 이렇듯 EU는 이익을 위해 얌체 '전략적 표시제도'를 운영하고 있는 것이 현실이다.

이런 현실을 직시하고 "비의도적 혼입허용치를 3%에서 EU 수준(0.9%)으로 낮추거나 당이나 기름에도 GMO 표시를 하자"는 주장은 특보다 실이 많을 수도 있다. 혹시라도 국내산 농산물에서 GMO가 검출돼 큰 이슈가 될 수도 있기 때문이다. 특히 우리나라는 식품원료의 약 80%를 수입하는 나라라 현재 축산물 사료처럼 값싼 GMO를 사와 최종가공품을 GMO 표시하지 않고 팔 수 있도록 하는 전략적이고 실속 있는 '한국형 GM식품표시제'를 도입하는 것이 현실적일 것이다.

글로벌 식품교역의 표시제도는 국가 간 이익이 걸려 있어 전략적으로 판단해야 한다. 경실련 등 시민단체와 소비자 단체들은 우리 국민의 생명과 안전을 최우선 명분으로 이렇게 주장할 수는 있다고 생각한다. 'GMO 완전표시제'는 당연히 좋은 제도이기 때문이다. 그러나 정부는 다르다. 국민의 건강과 아울러 산업에 미치는 영향과 국가 전체적 이익도 함께 고려한 전략적 표시 제도를 선택해야 한다. 그것도 타이밍 맞게 말이다. 비의도적 혼입허용치를 EU수준으로 조정하는 일은 곡물자급률이 20%선에 불과해 수입에 의존하는 우리나라 실정에는 아직은 시기상조라 생각한다.

• 1-2-7 •

천연(내추럴) 표기 논란

2017년 11월 "식품원료 천연표시, 어디까지 합법인가?"라는 주제로 토론회가 열렸다. 최근 상당수 건강기능식품 업체가 애매한 천연표시 관련 규정으로 행정처분을 받게 됐다고 한다. 우리 민족의 유별난 '천연(天然)'에 대한 로망을 활용해 '천연마케팅'으로 돈을 벌려는 사람들이 무분별하게 표시와 광고를 하고 있기 때문이다. 천연 표기는 당연히 공급자를 위한 제도이며, 이 천연마케팅의 가장 큰 피해자는 소비자다. 효능에 비해 과도하게 비용을 지불하고 있기 때문이다.

전 세계적으로 자연식품에 대한 소비자들의 욕구가 높아지면서 많은 천연(natural) 제품들이 시장으로 쏟아지고 있지만, 아직까지 천연에 대한 정확한 정의가 없어 천연 표기는 표시 · 광고와 관련해 법적으로나 소비자에 대한 기망으로 여겨져 언제 터질 줄 모르는 시한폭탄이 되고 있다.

식품의 표시(Food label)는 해당 식품의 얼굴이다. 소비자는 재화를 지불하는 대가로 구매하고자 하는 식품에 관한 모든 정보를 알 권리가 있고, 기업은 반대로 위생적인 취급과 안전성을 보장하고 표시에 담긴 약속을 이행할 의무와 책임이 있다. 표시는 소비자와 기업 간의 약속이므로 건전한 상거래 질서 유지를 위해 법적으로 엄격하게 관리하고 있다.

표시기준은 1962년 1월 「식품위생법」 제9조로 시작돼 1996년 1월 '식품 등의 표시기준' 고시가 제정되면서 지금에 이르고 있다. 법 제3조(정의)에 정의돼 있는데, '표시'란 건강기능식품의 용기 · 포장에 기재하는 문자, 숫자 또는 도형을 말하며, '광고'란 라디오, 텔레비전, 신문, 잡지, 음성, 음향, 영상, 인터넷, 인쇄물, 간판 또는 그 밖의 방법으로 식품에 대한 정보를 나타내거나 알리는 행위를 말한다.

천연(天然, natural)에 대한 규정은 '식품 등의 표시기준'(식약처 고시 제2016-45호, 2016.6.13)과 '건강기능식품의 표시기준'(식약처 고시 제2016-62호, 2016.6.30)에 명시돼 있다. 즉, 천연 표기는 "합성향료 · 착색료 · 보존료 또는 어떠한 인공이나 수확 후 첨가되는 합성성분이 제품 내에 포함되어 있지 아니하거나, 비식용 부분의 제거 또는 최소한의 물리적 공정 이외의 공정을 거치지 아니한 식품의 경우에 표시가 가능하다." 최소한의 물리적 공정이란 '식품 · 식품첨가물에 대한 천연 표시 관련 식약처 지침'(2016.7.7)에 따르면 "세척, 박피, 압착, 분쇄, 교반, 건조(60℃ 이상 제외), 냉동, 냉장, 성형, 압출, 여과, 원심분리, 혼합, 폭기, 숙성, 자연 발효, 용해를 거친 것은 천연 표기가 가능하다."고 한다.

건강 트렌드에 따라 최근 천연, 자연식에 대한 수요와 소비자 니즈가 증가함에 따라 천연 표시 제품들이 연이어 출시되고 있다. 그러나 천연에 대한 모호한 규정 때문에 미국에서는 이를 근거로 소비자들에게 소송당하는 기업이 늘어나고 있다. 2014년 제너럴밀스사는 대표 제품 중 하나인 Nature Valley 제품에 과당 옥수수 시럽과 말토 덱스트린이 사용됐음에도 불구하고 '100% natural'이라는 문구를 사용해 소비자에게 소송당했다. 2015년 Diamond Foods사도 Kettle 라인 제품에 'natural' 문구를 잘못 사용해 소비자에게 소송당했다가 금전 보상 합의로 소송을 해결한 사례도 있다.

미국에서는 정부가 시장에 깊이 관여하고 있지 않아 美 FDA가 공식적 정의는 내리지 않고 있으나 식품첨가물에 착색료, 인공향료 또는 합성물질이 포함돼 있지 않으면 '천연(natural)'이라는 용어 표기를 허용하고 있다고 한다.

우리나라의 경우 정부가 시장에 적극적으로 참여해 천연의 표기를 허용하고 있고 그 정의를 미리 구체적으로 내려놔 기업들이 표시 또는 광고 위반으로 행정처분 받는 사례가 있다. 건강기능식품을 제조하면서 합성 비타민과 미네랄을 첨가한 건조효모 제품에 '천연원료 ○○○' 등으로 표시 · 광고해 행정처분의 위기에 몰린 업체들이 있다. 미국처럼 정부가 관여하지 않는 경우와 비교해 일장일단이 있다. 어느 제도가 좋은지는 정답이 없고 그 나라의 형편과 상황에 따라 다르다. 오히려 우리나라의 경우, 천연의 정의를 정부가 법적으로 마련해 놔 소비자와 기업 간 분쟁과 손해배상이 예방되는 효과가 있어 기업에는 오히려 도움이 되는 긍정적 효과도 있다고 본다.

그러나 천연을 표시하는 것과 광고하는 문제는 엄연히 구분돼야 한다. 천연이라는 문구를 광고로 허용했다면 모호하거나 주관적인 개념이어도 되지만, 만약 표시로 허용했다면 반드시 객관적이어야 하고, 받아들이는 사람이 모두 같은 의미로 느껴야 한다고 본다. 천연의 정의나 범위는 과학자가 내리든, 사회학자가 내리든 결국 계량화될 수 없기 때문에 불완전하다. 그래서 천연은 표시가 아닌 광고로만 허용해야 정부와 기업, 기업과 소비자 간 분쟁을 궁극적으로 막을 수 있다고 생각한다.

현재 식약처가 운영 중인 우리나라 천연 표시제도는 명확할 수 없는 정의로 불완전할 수밖에 없는 구조다. 그러나 상식선에서 건전한 시장 질서를 지키는 기업의 윤리의식과 소비자 피해가 없고 악의적이지 않다면 시장의 고유한 공급자와 소비자의 역학관계를 인정해 주는 유연한 정부의 안전관리 행정이 뒷받침 된다면 그 긍정적 효과와 함께 안정적인 제도로 자리 잡을 수도 있을 것이라 생각한다.

• 1-2-8 •

美 FDA 식품표시(푸드라벨링) 개정에 대한 의견

미국에서는 2020년 1월부터 연매출 천만 불 이상 대기업을 대상으로 새로운 식품표시(라벨링)를 본격 시행하기 시작했다. 美 FDA는 소비자의 안전과 공정한 상거래를 위해 규정에 맞는 적절한 식품 라벨링이 부착되도록 보장하고 있다. 식품의 표시는 통관부터 소비자에게 전달되기까지 제품에 대한 정확한 정보를 전달하는 역할을 수행하기 때문이다.

미국 내 식품제조업체 및 수입업체는 미국에서 유통하기 전, 법률 및 규정에 맞는 정보가 포함된 라벨링을 부착해 추후에 발생할 수 있는 법적 조치 및 수출 지연을 최소화하고 소비자에게 충분한 정보를 전달해야 한다. 美 FDA에서 요구하는 식품표시 표기사항은 '제품명, 순 중량, 영양성분표, 성분, 알레르기, 회사명과 주소' 등 여섯 가지다.

일반 제품의 앞면은 'PDP(Principle Display Panel)'라 하며, '제품명'과 '순중량'이 표기된다. 제품명은 식품의 일반적인 이름인데, 오해의 소지가 없어야 하고, 눈에 띄도록 크고 진한 글씨체로 표기해야 한다. 제품명으로 어떤 제품인지 알 수 없는 제품은 FDA에서 억류통지서(Detention Notice)를 받을 수 있다. 특히 우리나라 전통식품의 경우, 국내에서 불리는 고유 명칭을 표시할 수가 없고 원재료와 제조법으로 명명하는 일반명으로 표기해야 한다. 순중량은 순 식품의 양으로 용기, 포장의 무게를 포함하지 않아야 한다.

식품 라벨의 오른쪽 또는 뒷면에 해당하는 부분인 제품의 정보면(Information

Panel)에는 제품명과 순중량을 뺀 영양성분표, 성분, 알레르기, 회사명과 주소의 4가지 정보가 표기된다. 영양성분표는 연간 매출이 천만 달러 이상인 식품제조업체는 2020년 1월 1일까지, 그 미만인 제조업체는 2021년 1월 1일까지 새로운 영양성분표 라벨로 변경해야 한다. 1회 제공량은 'Reference Amounts Customarily Consumed(RACCs)'를 참고해 현실적인 양을 표기해야 한다. '개정된 일일섭취량(Updated Daily Values)'은 백분율로 표시되도록 하며, 제조업체에서 제품공정 시 실제로 첨가되는 당(added sugars)의 함량을 표기해야 한다.

특히, 식품첨가물(Food Additive) 표기가 중요한데 美 FDA의 Food Additive Status List를 확인하고 승인된 성분만 사용할 수 있다. 또한 사용 가능한 식품첨가물 중에서도 반드시 경고문구가 들어가야 하는 성분들을 확인해야 한다. 아울러 8가지 주요 알레르기 성분인 우유, 달걀, 밀, 대두, 땅콩, 견과류, 조개와 갑각류, 생선이 포함돼 있다면 반드시 표기해야 하며, 누락 시 리콜 조치를 받게 된다. 우리나라에서는 난류, 우유, 메밀, 땅콩, 대두, 밀, 고등어, 게, 돼지고기, 복숭아, 토마토, 아황산류, 호두, 닭고기, 쇠고기, 오징어, 조개류(굴, 전복, 홍합 포함), 잣 등 22가지 품목에 대해 알레르기 주의 표시를 하고 있다.

해산물은 특별히 라벨에 원산지와 생산방법이 포함돼야 한다. '자연산(wild)', '양식' 여부를 표시해야 하고, 의무는 아니지만 해동방법, 조리방법, 보관방법, 주의사항, 생산일자, 유통기한 표기를 권장한다. 우리나라 식품 표시제도는 과거 「식품위생법」, 「축산물위생관리법」, 「건강기능식품에 관한 법률」 등 3개 법령과 식품 등의 표시기준, 축산물의 표시기준, 건강기능식품의 표시기준, 유전자변형식품 등의 표시기준 등 4개 고시로 각각 운영되고 있었으나 2019년 3월 14일부터 「식품 등의 표시 · 광고에 관한 법률」이 제정돼 식품표시 정책의 일관성을 갖게 되었다. 일본은 2013년 「식품표시법」을 제정하여 식품표시 관련 규정을 통합했으며, EU도 2011년 식품표시와 관련한 10개 규정을 일원화하여 단일 규정으로 운영하고 있던 것이 영향을 주었다.

식품의 표시는 소비자와 기업 간의 약속이므로 건전한 상거래 질서를 유지하기 위해 법적으로 엄격하게 관리된다. 소비자는 재화를 지불하는 대가로 구매하고자 하는 식품에 관한 모든 정보를 알 권리가 있고, 기업은 반대로 위생적인 취급과 안전성을 보장하고 표시에 담긴 약속을 이행할 의무와 책임이 있다.

게다가 우리 소비자들은 습관이 되지 않아 표시를 잘 읽지도 않을 뿐 아니라 보더라도 가격, 유통기한, 첨가물, 소금, 설탕 등 영양성분 정도 확인하는데 그쳤을 것이다. 소비자의 대부분은 읽어 봐도 무슨 말인지 잘 모르기 때문인 것 같다. 식품의 표시가 간략히 바뀌는 추세이지만 그래도 여전히 어렵다. 기업의 건전하고 안전한 식품 생산을 유도하기 위해서는 소비자가 더욱더 적극적으로 목소리도 높이고 실천해야 한다. 그 첫 걸음이 바로 "식품표시(라벨), 보자! 읽자! 알자!" 캠페인이라 생각한다.

· 1-2-9 ·

무첨가 마케팅 금지제도 시행

앞으로 먹는 물과 비슷한 무색 음료 제품명으로 '○○수', '○○물', '○○워터' 등을 사용하지 못한다. MSG(L-글루탐산일나트륨)도 쓰지 못하며, 고추장에는 반드시 고춧가루가 얼마나 들어 있는지 표시해야 한다. 식품의약품안전처는 이런 내용의 '식품 등의 표시기준' 일부 개정안을 2015.12.9. 행정 예고했다.
개정안에 따르면 소비자 알 권리 강화 차원에서 MSG 용어 사용을 아예 금지했다. 현재 대부분 소비자는 MSG를 화학조미료를 일컫는 용어로 알고 있다. 이런 상황에서 '무MSG'라고 표시하면 마치 어떤 화학조미료도 사용하지 않은 제품으로 착각할 수 있다. 때문에 '○○수', '○○물', '○○워터' 등을 무색 음료 제품 이름(탄산수 제외)으로 사용하지 못하게 했다. 먹는 물로 혼동할 우려를 차단하기 위해서다.

최근 우리나라에서 식품첨가물이 매우 위험하고, 부정적인 것으로 인식되는 경향이 있다. 식품사건은 중량 속임, 저가 대체식품, 미 허용 첨가물 사용 및 허용량 초과 등 고의적 속임수, 광우병, AI, 병원성미생물, 잔류농약 등 비의도적인 안전사건, 무첨가, 화학/인공/천연 마케팅 등 안전과 무관한 커뮤니케이션 사고 등의 경우가 있다. 최근 식품첨가물 관련 이슈는 카제인나트륨, 인산염 등 안전성 문제도 아닌데, 경쟁사 간 노이즈마케팅으로 괜히 문제시된 것이 많다.

식품첨가물은 고대로부터 식품의 맛과 기능을 향상시키고 저장성을 얻기 위해 인류의 역사와 함께 사용돼 왔다. 기원전 3천 년부터 고기를 절이는데 소금이 이용된 기록이 있고 기원전 9백 년까지 염과 연기의 사용이 이미 오랜 전통이 되어 있었다. 그러나 모든 첨가물이 유익하게 사용되어 온 것은 아니다. 예전엔 냉장, 냉동시설이 없어 밀가루, 차, 와인, 맥주 등이 쉽게 오염되고 변질되었다. 독성이 강한 첨가물을 줄이도록 입법화했을 정도로 보존료가 널리 사용되기도 했고, 수은, 비소, 납과 같은 중금속을 색소로 사용한 시대도 있었다.

결국 식품첨가물의 역사는 식품저장의 증진, 가격 안정 및 식도락에 기여한 과학기술의 발전과 식품이 실제보다 더 나은 질을 가졌다고 생각하도록 소비자들을 현혹시키는 두 얼굴을 갖고 있다.

우리나라 식품첨가물은 1962년「식품위생법」에 근거해 217개 품목을 지정하면서 본격적인 안전관리가 시작되었다. 1973년 11월 '식품첨가물공전'을 만들어 성분규격, 사용기준, 표시기준, 보존기준, 제조기준 등을 수록했으며, 2015년 기준으로 605품목이 허용돼 50년간 400개 정도가 늘어났다. 현재 전 세계적으로 가공식품에 사용되는 식품첨가물은 2,000품목에 달한다.

첨가물은 식품에 기능을 주기 위해 살짝 들어가는 첨가물일 뿐이다. 식품에 첨가해 보존성, 물성, 맛과 향, 색, 영양보충 등의 기능을 활용하면 그만이다.

이런 무분별한 기업들의 네거티브 마케팅을 예방하기 위해 정부가 칼을 빼들었다. '식품의 표시기준'을 개정해 무MSG, 무첨가 표시를 금지한 것이다. 사실 무첨가 표시를 해 허가된 첨가물을 첨가한 기업의 제품을 폄하하는 행위가 얌체 짓이라는 것은 상식이고, 상도의에도 어긋난다. 이런 무질서를 해결하기 위해 법까지 만들어야 하는 우리 식품산업의 수준이 부끄럽기만 하다. 물론 소비자에게 이런 마케팅 논리가 통하기 때문에 계속 일어나는 일이긴 한데, 소비자들이 첨가물에 대해 이런 나쁜 이미지를 갖게 된 것도 결국 첨가물 노이즈마케팅을 시작한 기업이었다고 생각된다.

모든 식품첨가물은 식품에 사용될 때 기능과 이유가 있다. 물론 모든 물질은 독성 또한 갖고 있다. 국민의 건강을 위해 허용된 식품첨가물이라 하더라도 먹어서 몸에 좋을 게 없으므로 그 사용을 줄여나가는 기업의 노력은 박수받아 마땅하다. 그러나 법적으로 허용된 첨가물을 줄이는 것이 사회와 공익을 위한 순수한 목적이고, 당사 제품의 경쟁 우위를 알리는 포지티브 전략으로 첨가물을 제거했다면 호평을 받았을 것이다. 무MSG, 인산염, 카제인나트륨 광고 논란처럼 경쟁기업과 제품을 비방하는 네거티브 전략으로 소비자를 불안케 만드는 행위는 자제되어야 한다. 이제는 우리나라 식품산업도 세계 10대 강국으로서의 건전한 시장 형성과 선진국으로서의 성숙한 기업문화를 보여야 할 시기라 생각된다.

• 1-2-10 •

식품첨가물 '합성-천연' 구분 없는 용도 분류

> 식약처는 현재의 식품첨가물 분류체계를 용도 중심으로 개편해 과거 '합성'과 '천연'으로 구분되던 식품첨가물을 감미료, 발색제, 산화방지제 등 31개 용도로 재분류한다고 한다. 이에 따라 합성착향료, 합성착색료 등의 표기가 아닌 첨가물명(향), 첨가물명(색) 등으로 표시된다. 이를 통해 식약처는 다양한 제품 개발에 따른 식품산업 활성화를 기대하며, 이번 개정 고시를 2018년 1월 1일부터 시행한다고 한다.

참으로 반가운 정책 개선안이다. 그동안 방송을 통한 노이즈마케팅의 감초였던 '천연-합성' 논란의 원인 제공자가 바로 '합성'이라는 식품첨가물의 법적 분류였기 때문이다.

이 '천연-합성' 논란은 비단 식품첨가물에만 있었던 게 아니라 '천연마케팅'으로 돈을 벌려는 사람이 있는 곳이라면 어디에나 있어 왔다. 대표적 예가 바로 '천연비타민 공방'인데, 사실 100% 순수한 물질의 경우에는 식물에서 추출한 비타민이든 합성한 비타민이든 효능에 차이가 없다. 다만, 천연에서 추출한 경우에는 과일 등 원료에 들어 있는 다른 생리활성 성분들이 함께 추출되며, 흡수율 등에 차이가 있어 효능이 어느 정도 높을 것이라는 개연성은 있다. 그렇지만 이나마도 그 양이 미미해 인체에 끼치는 영향은 거의 없는 정도이고 과학적 기반 또한 약한 상태다. 또한 안전성 측면에서도 합성이든 천연이든 순수한 물질 간에는 반수치사량(LD_{50}), NED(No effective dose) 등 독성지표 간에는 차이가 있을 수가 없다.

둘째, 과일주스의 경우, 한 일반 오렌지주스는 100㎖당 232원인데 반해 100% 천연 착즙주스라고 광고하는 것은 1,264원에 판매돼 5배가 넘는 가격 차이가 난다. 천연 착즙주스는 과일에 함유된 풍부한 영양소와 식이섬유, 기타 생리활성물질을 갖고 있는 건 사실이다. 그래서 5배나 되는 비용을 아낌없이 지불하는 것이다. 그러나 섭취 시 인체에 미친다는 좋은 영향은 증명되지 않았고, 착즙주스의 당은 천연당이라 설탕이 첨가된 일반주스보다 몸에 좋고, 착한 것은 아니라는 걸 이야기하고 싶다.

세 번째 예로 "정제염은 합성소금, 천일염은 천연소금"이라는 괴담이다. 방송에서 어떤 한의사가 이야기한 것이다. 정제염, 천일염 모두 화학반응을 거치지 않고 자연 상태의 바닷물로 만들어진 것인데, 과연 '천연-합성'을 이야기할 수 있는 것인가? 이것은 「식품위생법」상 식품첨가물의 분류에 화학적 합성품이 있어 여기에 갖다 붙인 것이라 생각된다. 사실상 정제염은 합성물질이 아니기 때문에 이는 잘못된 사실이며 다분히 소비자를 오해시킬 수 있다.

천연마케팅을 활용하는 나쁜 빅 마우스들 때문에 우리 소비자들은 아직까지도 천연에 대한 막연한 효능과 안전성 기대를 갖고 있어 동등한 품질에도 불구하고 천연에 너무나 큰 비용을 지불하고 있다. 사실상 천연마케팅의 가장 큰 피해자는 소비자다. 제품 간 효능이나 안전성 차이가 실질적으로 크지 않음에도 불구하고 천연에 홀려 쓸데없는 지출을 하고 있는 것이다.

특히, 소비자를 착각하게 만들고, 이러한 우매를 상업적으로 이용하는 나쁜 기업은 반성해야 한다. 천연이든 합성이든 효능과 안전성을 확보했기 때문에 허가받아 시판되고 있는 것이다. 앞으로 소비자는 '천연-합성'을 '선(善)-악(惡)'의 흑백논리로 받아들이지 말고 '일반식품-프리미엄식품'과 같은 부가가치적 장점의 개념으로 생각해야 한다. 특히, 천연제품은 합성에 비해 비용을 몇 배나 더 지불해야 할 정도의 효능과 안전성을 갖고 있지 않다는 사실을 알려 주고 싶다.

· 1-3-1 ·

천연유래 보존료 프로피온산 제도 개선

식약처는 업계의 이 같은 부담을 해소하기 위해 '식품첨가물의 기준 및 규격' 고시 개정안(공고 제2020-157호)을 2020년 4월 14일 행정 예고했다. 이제부터는 프로피온산이 보존효과를 전혀 나타내지 않는 수준인 '0.10g/kg(100ppm) 이하'에 대해서는 조건 없이 천연유래로 인정된다. 단 동물성 원료는 부패 · 변질 과정에서 프로피온산이 자연적으로 생성될 수 있어 적용 대상에서 제외된다. 식약처는 지난 2018년 6월 15일에 '천연유래 식품첨가물 판정에 대한 근거 규정'을 신설해 식품원료 또는 발효 등 제조공정에서 자연적으로 유래될 수 있는 프로피온산, 안식향산 등 식품첨가물 성분이 제품에서 검출될 경우 '천연유래 식품첨가물'로 인정받을 수 있도록 했었다. 그러나 영업자 스스로 천연유래임을 입증해야 했었기 때문에 조사 · 연구 등에 시간과 비용이 발생했었다. 식약처의 이번 조치는 업계의 부담을 해소하기 위한 것이다.

지난 2017년 10월 한 수산물조합이 10년이나 지난 굴비와 이를 원료로 사용해 절인 '마늘고추장굴비'에서 프로피온산이 각각 175ppm, 54ppm 검출된 사건이 있었다. 허가되지 않은 보존료가 검출돼 해당 식품은 판매가 중단됐으나 프로피온산은 고의로 넣은 것이 아닌 미생물 발효에 의한 천연 유래였었다. 한 홍삼음료의 경우도 원료인 어린잎 발효추출액 등에서 천연 유래된 프로피온산이 74ppm 검출돼 처벌된 적도 있었다. 2017년엔 소 내장에서 프로피온산이 천연 유래로 검출된 사건도 있었고 2019년엔 떡볶이 떡에서도 사용해서는 안 되는 보존료 프로피온산이 검출돼 기준규격 위반으로 처분 받았다가 다시 천연유래로 인정된 사례도 있었다.

'식품첨가물공전 및 식품 등의 표시기준'에 따르면 프로피온산은 빵류(2.5g/kg, 2,500ppm), 자연치즈 및 가공치즈(3.0g/kg, 3,000ppm), 잼류(1.0g/kg, 1,000ppm) 등에서만 사용이 허용되고 그 명칭과 용도를 반드시 표시해야 한다. 그러나 의도적으로 첨가하지 않았음에도 불구하고 프로피온산이 다양한 식품에서 천연유래로 검출되는 상황이 자주 발생하고 있다. 특히 발효식품에서 자주 발생해 많은 전통식품 영업자들이 피해를 봐 왔었다. 물론 발효식품이 아니더라도 상온보관 식품이나 유통기한이 임박한 경우 프로피온산 생성 미생물이 증식하기 때문에 프로피온산이 검출될 수도 있다.

프로피온산이 생성되는 원리는 다양하나 식품에서는 대부분 미생물 유래로 발생한다. 발효 시 보관 온도가 높고 시간이 오래될수록 미생물이 많이 자라 연한이 오래된 보리굴비나 발효식품일수록 더 많은 양의 천연유래 프로피온산이 생성된다. 묵은지, 숙성간장, 장아찌 등은 묵은 맛과 희소성이 가치(價値)와 가격(價格)에 직결되므로 사업자들은 하루라도 더 묵혀 팔고 싶어 한다. 음식은 발효 시간이 길어질수록 맛과 향이 깊어지나 동시에 프로피온산이나 다른 독성물질들이 생성되기 때문에 사업자들은 '품질(品質)'과 '안전(安全)' 사이에서 고민을 할 수밖에 없다.

식품첨가물 중 '보존료(保存料)'는 미생물을 살균 또는 발육을 억제시키므로 생체독성이 커 사용할 수 있는 대상 식품과 사용량이 엄격히 규제되고 있다. 즉, 보존료는 모든 식품에 첨가되는 것이 허용되는 게 아니라 심각한 미생물 위해가 발생하기 쉬운 햄이나 소시지 등 육류식품과 빵류 등 가공식품의 안전성 확보와 유통기한 연장을 위해 첨가되고 있다.

허용된 보존료로는 소르빈산, 안식향산, 파라히드록시벤조산에스테르류(일명 파라벤), 프로피온산 등이 있는데, 이들은 의도적으로 첨가하지 않았더라도 과일 등 식물성 원료에 천연적으로 함유돼 있거나, 발효 과정 중 미생물에 의해 생성되는 경우가 많다. 이 중 특히 논란의 중심에 서 있는 프로피온산은 식물계에 자연스레 널리 분포하고 있으며 다양한 미생물의 대사산물로 발효식품에서 다량 생성된다. 그러나 다행히도 프로피온산은 일일섭취허용량(ADI)도 설정돼 있지 않고 미국의 GRAS(일반적으로 안전하다고 인정된 목록) 첨가물이라 매우 안전하다.

이에 식약처에서도 "프로피온산을 자연 상태의 식품원료에 원래부터 미량 존재하고 식품의 제조과정 중 언제든 생성될 수 있으며, 국제적으로 인정된 안전한 성분"으로 판단해 규제를 완화했다. 다만, 동물성 식품원료 중에도 내장 등 부패나 변질되지 않은 신선한 원재료라도 천연 유래 프로피온산이 검출될 수 있는 것이 많아 단서조항이 아쉽기는 하다. 그렇지만 금번 「식품첨가물의 기준 및 규격」 일부 개정고시(2020. 4. 14)는 보존의 효과가 없으며 인체 안전성에 영향을 미치지 않는 미량의 프로피온산이 검출되었을 경우에 영업자가 천연 유래임을 입증하지 않아도 되도록 한 정부의 대표 규제 개선 성공 사례라 생각한다.

• 1-3-2 •

분유 클로스트리디움 퍼프린젠스 검출 사건으로 본 미생물 규격의 중요성

2018년 12월 7일 한 수입식품 판매업체의 뉴질랜드산 '후디스 프리미엄 산양유아식'에서 식중독균 클로스트리디움 퍼프린젠스가 검출돼 식약처로부터 판매중단 · 회수명령이 내려졌다. 지난 9월에도 한 업체가 수입 · 판매한 프랑스산 '아이배냇 산양유아식'에서도 같은 균이 검출됐다.

식품안전 선진국인 프랑스, 호주 · 뉴질랜드산 인기 제품에서도 검출되고 각 나라에서도 문제없이 팔리고 있을 정도면 클로스티리디움 퍼프린젠스(*Clostridium perfrigens*) 균은 식중독균이긴 하나 원유(原乳, raw milk) 중 늘 존재해 완전 제어가 어렵고, 혹시 검출되더라도 인체에 해가 없다는 확신이 있기 때문일 것이다.

이참에 우리나라의 조제분유 미생물 규격이 너무 지나치게 엄격한 게 아닌지도 생각해 봐야 할 것 같다. 물론 아이들이 먹는 음식이라 안전할수록 좋은 건 당연하다. 그러나 너무 지나치게 안전을 강조하다 보면 효율성과 산업 경쟁력이 떨어지고, 억울한 피해 회사들이 생길 수가 있어 국가의 기준 · 규격은 균형감을 가져야 한다.

*Cl. perfringens*는 식중독균임에는 틀림없지만 독소형이라 미량의 오염 및 섭취는 인체에 해를 끼치지 않는 것으로 알려져 있다. 그래서 우리나라 식품공전에서도 살모넬라균, 리스테리아 모노사이토제네스 등 여러 감염형 균은

'불검출'로 관리하고 있으나, *Cl. perfringens*는 장류, 고춧가루, 김치류, 젓갈류, 식초, 카레, 햄, 소시지 등에 g당 100 cfu까지 검출을 허용하고 있다. 이 균은 1941년 영국, 한 상처감염증에서 가스 괴저 원인균인 *Clostridium welchii* 식중독 사고가 처음 보고됨으로써 알려지게 됐다. 1945년에 McClung이 웰치균을 분리했고, 1957년 이후부터 *Clostridium perfringens*라 명명됐다. 이 균에 의한 식중독은 계절 구분 없이 연중 발생하며, 대규모 집단적으로 발생하는 것이 특징이다.

북미, 유럽, 일본 등에서는 *Cl. perfringens* 식중독 발생사례 보고가 1940년대 후반부터 있었으나 우리나라에서는 2001년 레토르트 제품에서 처음 검출됐고, 식중독 발병사례는 2003년 첫 보고됐다. 이후 발생 건수와 환자 수가 지속적으로 증가하는 추세인데, 지난 2011년 11월 한 대형 유통매장의 PB(자체 브랜드) 상품에서 기준치를 초과한 배추김치, 깍두기가 회수된 사건이 있었다. 당시 식품공전상 기준치가 'g당 100cfu 이하'였는데, 배추김치는 580, 깍두기는 700cfu/g 검출됐었다.

이 균은 토양, 하천, 하수 등 자연계와 사람을 비롯한 동물의 장관, 분변 등에 널리 존재한다. 그래서 우유에서도 자주 검출된다. 이 균에 오염된 식품 섭취 시 일반적으로 12시간 후 복통과 설사 증세를 보인다. 포자를 형성하며 12종의 균체외 독소(exotoxin)를 생산하는데, 이는 A, B, C, D, E, F의 6가지로 분류된다. 사람에게 식중독을 일으키는 독소는 99%가 A형이다. 이 A형은 다른 형들과 달리 100℃에서 1~4시간 가열해도 사멸하지 않는 내열성 포자를 만들기 때문이다.

FAO/WHO 전문가 회의는 살모넬라와 사카자키 균을 제외하고는 아직 어떤 균도 유아에서의 질병과 조제분유(powdered formulae) 간의 인과관계가 증명되지 않았다고 한다. 지난 1월 살모넬라균에 오염된 프랑스 락탈리의 분유를 먹은 영아 35명이 감염돼 세계 83개국에서 회수(recall)된 적이 있다. 살모넬라와 사카자키 균은 법적 기준 · 규격 위반이며, 조제분유가 유발하는 질병과의 인과관계도 증명됐기 때문이다. 그러나 내열성 독소형 포자형성균인 세레우스균(*Bacillus cereus*), 클로스트리듐 속의 보툴리누스균(*Cl. botulinum*)과 디피실균(*Cl. difficile*)은 유아에게 질병을 유발함에도 불구하고 조제분유와의 인과관계 가능성이 낮거나 아직 증명되지 않은 미생물로 분류돼 있다.

이런 사실로 미루어 볼 때, 많은 국가들이 조제분유 중 검출되는 *Cl. perfringens*에 대해서는 크게 위험하게 생각지 않는다는 것을 알 수 있다. 또한 CODEX, 호주 · 뉴질랜드 등지에는 조제분유 중 *Cl. perfringens* 규격 또한 없는 상태다. 즉, 살모넬라와 사카자키 균만 조제분유에서 위험한 세균으로 여겨 법적 '불검출'로 관리하고 있다. 우리나라에서도 이러한 국제적 조제분유 미생물 기준 · 규격을 참고해 국민 안전과 산업 경쟁력의 균형을 재검토해 봤으면 한다.

· 1-3-3 ·

쌀가공식품 비소 기준 설정 논란

식약처가 식품안전관리 강화의 일환으로 '쌀과 톳, 모자반을 함유한 영유아용 식품 등에 무기비소 규격'을 신설해 이르면 2018년 하반기부터 적용하는 것에 대해 식품 산업계 특히 쌀가공 업계의 반발이 매우 거세다. 이미 2017년 12월 식약처가 예고한 내용이었다. 이에 따라 앞으로 영유아용 조제식, 성장기용 조제식, 영유아용 곡류 조제식, 특수조제식품, 과자, 시리얼, 면류 등은 무기비소 기준 0.1mg/kg, 기타식품은 1.0mg/kg이 적용된다.

정부의 '무기비소(砒素) 규격 강화 시책'은 자급자족이 가능한 쌀을 주식으로 하는 우리나라 현실에서 실행하기 쉽지 않은 안전관리 정책이라 소비자를 최우선으로 고려한 판단이라 생각된다.

그러나 식품 원료 쌀에 대한 중금속 기준(0.2mg/kg 이하)이 이미 설정돼 있는데도 쌀 가공식품에 무기비소 기준(0.1, 1.0mg/kg 이하)을 신설한 것은 이중규제라고 볼 수 있다. 해당 식품의 위해성 평가 결과, 심각한 건강상의 위해가 인정되면 이중이 아니라 삼중 규제라도 만들 수가 있다. 그러나 식품의약품안전평가원의 위해성 평가 결과를 보더라도 평균 섭취로 인한 국민 전체 위해도는 인체노출안전기준 대비 2.1%로 안전한 수준이다. 결국 이번 규제 신설은 위해성이 미미하고 원료 쌀의 무기비소가 이미 별도로 관리되고 있어 그 명분이 약해 보인다.

물론 취약계층인 영 · 유아가 주로 섭취하는 이유식 등에는 이중 규제라도 그 필요성이 인정되나, 일반 쌀 가공식품에 원료 쌀보다 5배나 더 높은 무기비소 기준(1.0㎎/㎏ 이하)을 적용한 것은 이치에도 맞지 않다고 본다. 일반 가공식품의 경우엔 기준치 이하의 쌀을 원료로 사용한다면 당연히 신설된 기준을 넘을 수가 없어 불필요한 기준이라고 본다. 물론 농축제품의 경우, 가능할 수도 있으나 원료 쌀보다 5배나 높은 기준을 초과할 정도의 농축제품은 극단적 예외라 봐야 한다. 정책 수립 시 보편타당하지 않고 예외적인 경우를 고려해서는 안 되기 때문이다.

게다가 쌀 가공업체들은 주로 저가의 전통적인 쌀 제품을 판매하고 있어 대부분 영세하다고 보면 된다. 최근 최저임금 인상으로 인건비 부담까지 늘어나 가뜩이나 어려운 시기에 엎친 데 덮친 격으로 건당 15만 원 전후의 검사비용 부담까지 가중돼 쌀 가공업체들의 반발이 더욱 크다고 생각된다.

물론 밀가루를 주식으로 하는 미국의 경우, 소비자단체들이 무기비소 등 쌀의 위험성을 자주 제기하고 있다. 특히 "어린이에게는 쌀로 만든 시리얼과 파스타를 한 달에 두 번 이상 섭취하지 말 것과 공복에 쌀로 만든 시리얼을 먹이지 말라"는 구체적인 지침과 함께 제한적으로 섭취할 것을 권고하고 있다. 그러나 코덱스(CODEX)에서도 아직까지 쌀의 무기비소 허용기준치(0.2㎎/㎏)만을 설정하고 있을 뿐 쌀 가공품에 대한 무기비소 기준은 설정하지 않고 있다. 유럽연합(EU)이나 미국도 마찬가지다.

비소의 안전성 문제가 전 세계적으로 떠들썩한 것은 사실이다. 밀가루를 주식으로 하는 나라는 물론이고, 쌀을 주식으로 하는 인도, 방글라데시와 같은 저개발국의 쌀 비소오염 문제가 특히 심각한 상태라고 한다. 물에서 자라는 벼가 다른 작물보다 비소를 10배나 잘 흡수하는 성질을 갖고 있기 때문이다.

비소는 과거 전쟁과 독살에 자주 사용되던 독성이 강한 중금속이다. 특히 무기비소는 농약 살포, 채광, 제련, 화석연료 연소, 목재 처리 등의 과정에서 땅에 스며드는데, 비산 납, 비산 석회, 비산 석회분제 등이 대표적이다. 비소 화합물은 장기간 노출 시 피부, 폐, 간, 신장, 방광 등에 암을 유발하며, 방부제, 살충제, 살서제(殺鼠劑)등으로 사용되고 있어 주의가 요구된다.

정부는 모든 쌀 가공식품을 대상으로 할 것이 아니라 영 · 유아식품 등에 한정된 '현실적인 쌀 가공식품 무기비소 기준규격' 설정을 재검토하길 바란다. 소비자들 또한 쌀(米)에 대한 인식을 바꿔야 한다. 지금까지 쌀을 안전한 완전 식으로 맹신해 왔을 것인데, 쌀도 좋은 면과 나쁜 면을 모두 갖고 있는 여러 음식들 중 하나라는 사실을 인정하고, 그 어떤 식품도 안전성에 관한 한 100% 완전할 수 없다는 사실을 알아주길 바란다.

• 1-3-4 •

라면스프 벤조피렌 기준 마련 요구

2016년 1월 22일 소비자공익네트워크는 농심, 오뚜기, 삼양식품, 팔도 4개 제조업체 12개 컵라면 제품을 대상으로 영양성분 함량 및 표시실태, 안전성 등을 비교 · 평가한 결과를 발표했다. 시중 소비자 선호도가 높은 컵라면 12개 제품의 분말 스프 및 일부 액상 스프에서 1군 발암물질인 벤조피렌이 소량으로 검출됐다는 것이다. 그러나 전 제품에서 식용유지의 벤조피렌 기준인 2.0㎍/kg의 이내의 양으로 소비자공익네트워크는 "안전성에 이상이 있다고 판단할 수는 없다."고 발표했다. 그러나 소비자공익네트워크 관계자는 "라면은 다소비식품인 만큼 라면스프와 같이 고온에서 제조되는 가공식품에 대한 벤조피렌 기준 · 규격의 설정이 필요하다."고 주장했다.

국내 식품의 벤조피렌 기준 · 규격을 살펴보면, "식용유지는 2.0㎍/kg 이하, 훈제어육은 5.0㎍/kg 이하(건조제품은 제외), 어류는 2.0㎍/kg 이하"로 정해져 있으나, 라면스프에 대한 벤조피렌 기준은 없는 상태라 한다.

식품에 존재하는 위해물질에 대한 기준 · 규격은 오염도와 섭취량을 고려한 위해성평가, 교역 대상 국가의 기준 · 규격과의 조화(harmonization), 산업 기술수준을 고려한 현실적 실현가능성 등을 종합적으로 고려해 최적화된 정책적 결정으로 설정하게 된다. 모든 식품에 모든 존재하는 위해성분에 대한 기준 · 규격이 정해져 있는 것은 아니다. 현실적으로 그럴 수도 없고 그럴 필요도 없다.

식품 중 존재하는 위해물질의 규격을 정하는 목적은 섭취량을 제한하는 데 있다. 섭취량을 컨트롤하는 방법은 시판 식품 중 첨가 또는 오염량을 줄이는 공급억제 방법도 있지만, 조리 및 섭취방법과 식사량을 줄이는 소비억제 방법도 있다. 전자는 정부가 기준 · 규격이라는 수단으로 통제하고 있고, 후자는 소비자들의 인내와 식습관으로 통제할 수 있다. 비용과 효과 측면에서는 당연히 소비억제가 간편하고 이익이지만 오랜 기간 교육과 홍보를 통해서만 가능하므로 단기에 성과를 내기가 어려워 우리 정부는 냄비 같은 성격의 소비자를 대상으로 전자인 공급억제정책을 우선적으로 활용하고 있다.

소비자공익네트워크는 "라면스프는 고온에서 제조되는 가공식품이라 벤조피렌 기준 · 규격의 설정이 필요하다."고 주장했다. 그러나 참기름이나 라면스프 등 가열해 제조하는 식품으로부터 벤조피렌을 없애는 것은 불가능하다. 게다가 현재 우리나라 벤조피렌 기준 · 규격은 세계 최고의 식품산업 기술수준을 갖춘 EU 수준으로 매우 엄격히 정해져 있어 이미 이 수준으로 관리하는 것만으로도 매우 어려운 일이라 생각된다. 특히, 라면에서 벤조피렌 기준 · 규격을 정하는 것은 섭취량과 오염량을 고려해 볼 때 위해성 측면에서 문제가 되지도 않을뿐더러 해외에도 기준 · 규격이 없어 수출에도 문제 되지 않으며, 기술적으로 실현하기도 어려워 기준 · 규격을 정할 필요가 없다고 생각된다.

한편 소비자공익네트워크는 업계의 스프 내 벤조피렌을 낮추기 위한 자발적 감소도 유도했다. 또한 "컵라면을 먹을 때 벤조피렌을 줄이기 위해 스프의 양을 조절하거나 과도한 국물 섭취는 피하는 등의 주의가 필요하다."며 소비억제를 조언했다. 참으로 바람직한 제안이라 생각된다.

식품은 의약품과 달리 섭취량을 조절할 수가 없다. 가공식품으로부터 아무리 위해성분의 양을 줄인다 하더라도 소비자가 식사량을 높인다면 식품별 영양성분 규제가 전혀 의미 없어지기 때문이다. 즉, 소비자의 자율적 섭취감소 방향에 초점을 맞춰야만 궁극적인 안전관리가 가능할 것이다. 예를 들면, 라면을 통한 나트륨 섭취량을 줄이는 가장 좋은 방법 또한 라면스프 중 나트륨 함량을 줄이는 공급 억제 정책이 아니라 소비자가 국물 섭취를 줄이는 것이 훨씬 효과적이다. 라면의 총 나트륨의 80%가 국물에 존재하기 때문에 국물을 절반만 섭취하면 나트륨 섭취량을 40% 감소시킬 수 있다. 스프에서 나트륨을 줄이는 것은 맛에 영향을 줘 10%도 줄이기가 어렵다.

결론적으로 정부의 식품안전 관리정책의 성공 포인트는 규제와 기준 · 규격 제정 등 인위적 공급 억제 정책으로부터 기업 스스로가 제품 중 위해 성분과 첨가량을 줄이도록 하는 자발적 유인책과 소비자들에게 표시를 읽게 하고, 스스로가 섭취량을 줄이는 식습관을 갖게 하는 시장논리의 자연스러운 소비 억제정책 중심으로 패러다임을 바꿔 가야 할 것이다.

• 1-3-5 •

참기름, 들기름 벤조피렌 검출기준 재검토 필요

2017년 9월 21일 부산 특사경은 추석맞이 특별단속에서 참기름 값의 5분의 1 수준인 옥수수유를 30%가량 섞은 '가짜 참기름'을 적발했다고 한다. 또한 식약처는 가짜 또는 유사 참기름 · 들기름의 유통을 막기 위해 제조방법에 상관없이 참기름과 들기름에 다른 식용유지 혼합을 금지하는 '식용유지류 제조가공 기준 개정'을 행정예고해 때 아닌 향미유 시장이 들썩 거리고 있다. 지난 달 식약처는 한 농업법인회사서 제조 · 판매한 '차미들기름' 제품에서 벤조피렌(기준: 2.0μg/kg 이하)이 초과 검출(3.2μg/kg)돼 해당 제품을 회수 조치한 적도 있었다.

식품 중 벤조피렌 문제가 우리나라에서 주목받게 된 것은 2006년 올리브유에서 다량 검출돼 매스컴을 탄 이후부터이다. 고급이라 웰빙식품으로 각광받던 올리브유에서 발암물질이 검출되면서 사회적 이슈가 돼 올리브유에만 벤조피렌 규격(2.0μg/kg 이하)이 적용됐었다. 그러나 다른 기름에는 벤조피렌 권장규격(2.0μg/kg, ppb)이 적용되기 시작했는데, 참기름, 들기름, 심지어는 대기업의 옥수수기름 제품에서도 권장기준치를 초과하는 사례가 빈발함에 따라 2007년 12월부터는 모든 식용유지로 벤조피렌 기준이 확대, 적용되기 시작했다. 또한 가다랑어포(가쓰오부시)에도 발암물질 벤조피렌 기준치(0.01mg/kg)가 정해져 이를 초과해 유통 · 판매 금지되고 회수된 사례가 지금까지 많이 발생하고 있다. 이 기준 설정이 N사 너구리라면 사건의 발단이라 볼 수 있다.

벤조피렌(benzopyrene, C_2OH_{12})은 1996년 담배연기가 폐암을 유발한다는 것이 입증되면서부터 발암물질로 규정된 다환방향족탄화수소다. 이는 주로 유기물의 불완전 연소 시 부산물로 생성되는데 세계보건기구(WHO) 산하의 국제암연구소(IARC)에서 제1군(group 1) 발암물질로 분류하고 있다.

벤조피렌은 석탄이나 원유의 콜타르 등에서 발생하며, 목재의 연소, 자동차 배기가스, 담배연기 등에서 주로 발견된다. 대기, 물, 토양 등 어디에나 존재하므로 농산물, 어패류 등 가공하지 않은 식품에도 미량 존재한다. 식품의 고온 조리 가공 시 탄수화물, 단백질, 지질 등이 분해되어 생성되기도 하는데, 주로 고기를 굽거나 땅콩, 커피 등 음식을 볶을 때 발생한다. 식약처의 벤조피렌 모니터링 결과 햄, 베이컨 등 육류에서의 오염도가 54.4%로 가장 높았고, 채소(19.2%), 곡류(11.5%), 과일류, 서류, 식용유지류, 어류, 패류의 순이었다고 한다.

소비자원 자료에 따르면 삼겹살을 노릇하게만 구워도 16ppb 검출되고, 갈비를 좀 세게 굽기만 해도 50~480ppb까지 검출된다고 한다. 식품을 통한 벤조피렌의 섭취 문제가 제기되고 있으나, 모든 발암물질이 그렇듯이 섭취량이 중요하다. 벤조피렌의 급성독성의 지표인 반수치사량 LD_{50}값은 250㎎/kg으로 니코틴(24㎎/kg)보다는 약 10배, 청산가리(10㎎/kg)보다는 약 25배 독성이 약한 정도다.

그러나 벤조피렌은 적게 먹을수록 좋은 소소익선(小小翊善)의 물질이다. 그 발생과 섭취를 줄이는 요령으로는 기름에 튀기거나 볶은 음식의 섭취를 줄이고, 불꽃이 직접 닿지 않도록 해 검게 탄 부분이 생기지 않도록 고기를 구워 먹는 것이 좋다.

벤조피렌 초과 검출된 참기름, 들기름 회수조치 뉴스가 우리나라에서 끊임없이 발생한다. 대부분 중소기업이나 농업법인 등 영세한 회사들이다. 과연 우리나라의 식용기름 벤조피렌 기준(2.0㎍/kg 이하)이 타당한지 다시 한 번 생각해 봐야 할 때라 생각한다. 유럽(EU) 사람들은 참기름, 들기름을 잘 먹지 않는데, 우리가 벤치마킹한 올리브유 기준이 과연 타당한가에 대한 논의가 필요한 시점이라 본다.

물론 기준은 항상 공평할 수가 없다. 사회경제적 상황에 따라 '비용(費用)'에 더 무게를 둬 생산자가 유리할 수도 있고, 소비자의 안전 등 '편익(便益)'을 더 중요시 해 생산자들에게는 지나치게 비현실적일 수도 있다. 사회가 발달함에 따라 이 균형을 수시로 수정, 보완해 나가는 것이 정부의 역할이라 생각한다. 최근 발생했던 시리얼 대장균군 검출사건도 산업계 입장에서는 손해를 본 규격이라 생각한다. 곡물을 주원료로 압착해 눌러 만든 시리얼은 살균제품이 아니기 때문에 대장균군이 발생할 수밖에 없는데, 그간 '대장균군 음성' 기준이 적용됐던 것이다.

보편적인 기술로 중소기업도 그 기준을 맞출 수 있는지? 그동안 벤조피렌 기준 초과로 행정처분을 받아 범법자가 되고 사업을 접은 생산자들이 억울했던 것은 아닌지? 섭취량을 고려한 위해성 평가 결과 기준을 약간 더 완화해 줘도 안전성에 문제가 없는지? 다시 한 번 비용과 편익을 고려한 기준규격의 재검토가 필요한 시점이라 생각된다.

키워드1-4 규제(4) - 영양 정책

• 1-4-1 •

영양소를 위해가능 영양성분으로 정하는 식품위생법 시행령 개정안

식약처는 2016년 5월 29일 신설된 「식품위생법」 제70조의7(건강 위해가능 영양성분 관리)에 따라 식품의 나트륨, 당류, 트랜스지방을 '건강 위해가능 영양성분'으로 정하고, 교육 · 홍보를 하는 주관기관을 지정하기 위한 내용을 담은 「식품위생법」 시행령 개정안을 2016년 8월 10일 입법예고 했다.

사람 생명에 꼭 필요한 필수영양소이고, 양(量)에 의존해 과량일 때만 위험성을 주는 '나트륨, 당류, 트랜스지방' 등과 같은 영양소에 대해 안전문제를 다시 거론하며 '위해가능'이라는 말을 법(法)으로 지정하는 것은 문제가 있다고 본다. 그동안 정부에서 저감화 대책 수립이나 대국민 캠페인을 위해 선언적으로 '위해가능 영양성분'이라는 용어를 써 오던 것에는 나름대로 의미와 목적이 있다고 생각해 왔다. 그러나 이들 영양소를 '위해가능 영양성분'으로 대통령이 법령으로까지 정해 나쁜 독(毒)으로 몰아가는 방식에는 동의하지 않는다.

모든 음식과 영양소는 양면성을 갖고 있다. 나쁜 면만 보고 문제 삼으면 이들 세 가지 영양소를 포함한 우리가 먹는 모든 식품과 영양소가 나쁜 독(毒)으로 전락될 수 있다. 이번에 초점이 된 '설탕, 소금, 지방'은 잘 사용하면 몸에 약(藥)이 되고, 지나치게 탐닉하거나 중독되면 독(毒)이 되는 양면적 성격을 갖는 불가근불가원의 물질이라 특히 균형된 시각으로 다뤄져야 한다.

모든 정책이 그러하듯 이 제도 또한 일장일단이 있다. 그 취지는 "가공식품 중 함량을 줄임으로써 국민의 영양소 과잉 섭취를 예방하자"는 좋은 것이다. 그러나 식품은 의약품과 달리 섭취량을 조절할 수가 없다. 강제급식도 아니고, 처방전 받아 식품을 정량으로만 구매해 섭취하는 체제도 아니기 때문이다. 가공식품으로부터 아무리 특정 영양소의 양을 줄인다 하더라도 소비자가 많이 먹는다면 '강제적 개별 식품의 영양성분 규제'는 전혀 의미가 없어진다.

음식과 영양소가 원인이 돼 건강을 해치는 원인은 매우 복합적이다. 비만 등 음식 유래 질환이나 건강을 잃은 원인을 음식이나 영양소에 돌리지 말고 과식, 편식, 폭식 등 나쁜 식습관이나 운동부족 등 나쁜 생활습관에 있는 게 아닌지 생각해 봐야 한다. 허가된 식품의 영양섭취 불균형이 유발한 인체 위해는 개인 책임이고, 각자의 식습관으로 조절해야 하는 것이지 정부가 판매 식품에 함유된 영양소의 함량을 규제하는 정책으로 해결할 수 있는 일이 아니다. 강제적 '공급억제정책'은 단기에 효과를 낼 수는 있겠지만 산업 전반에 끼치는 부작용도 크고 궁극적으로 영양유래 질환 저감화에 크게 기여하지 못할 것이라 생각한다.

게다가 이런 내용을 「식품위생법」에 명시할 필요까지는 없다는 생각이 든다. 이 법은 비록 "식품영양의 질적 향상과 국민 보건향상에 기여한다"는 목적을 갖고 있긴 하지만 명칭의 상징성으로 볼 때 식품의 위생과 안전을 중점적으로 다뤄야 한다고 생각한다. 법적으로 양에 제한 없이 사용 가능토록 허용한 안전한 식품과 영양소에 대해 그 함량을 규제하는 것은 시장에서 자율로 할 일이지 자본주의 사회에서 법으로 강제화하는 것은 지나친 시장 간섭이고 건전한 산업발전의 걸림돌이라 생각한다.

이 제도는 국회의원이나 소비자단체 입장에서는 소비자와 국민의 눈높이에서 충분히 제안할 수 있는 정책이라는 생각이 든다. 그러나 전문 행정부인 식약처가 입법부 등에서 받은 다양한 제안을 여과 없이 그대로 받아들여서는 안 된다고 생각한다. 행정부는 정책을 취함에 있어 소비자의 생명과 아울러 국가 경쟁력을 고려한 비용과 편익, 그리고 사회경제적 여건 등 다각적인 요인을 종합적으로 고려해 결정해야 하기 때문이다.

영양과잉을 줄이는 최선의 방법은 섭취량을 줄이는 것이다. 섭취량을 줄이는 방편으로 판매단위당 용량, 1회 제공량 등 무리한 공급억제정책을 법으로 강제화하는 것은 어리석은 일이다. 영양정책은 소비자의 계몽을 위해 자발적, 선언적으로 시행돼야 한다. 강제화한다면 반드시 실패할 것이다. 음식의 섭취는 결국 먹는 사람의 몫이고 선택이므로 건강하고 건전한 식품 소비는 '엄격한 표시제도에 기반한 계몽과 홍보'만이 해답이라 생각한다.

• 1-4-2 •

식품산업에 부는 가성비 바람과 정부의 영양정책

'카스타드'는 경쟁 제품대비 15%가량 저렴하며 높은 계란 함량과 부드럽고 촉촉한 식감으로 소비자 호응도가 매우 높다. 2016년 '더 자일리톨' 용기 껌은 기존 76g에서 102g으로 가격변동 없이 34% 증량했다. 리필용 제품도 기존 130g(65g×2봉)에서 동종 최고 중량인 138g(69g×2봉)으로 양을 6% 늘렸다. '다이제샌드, 나, 까메오'는 최근 중량을 조정하고 가격을 1,200원에서 1,000원으로 낮춰, 그램(g)당 가격을 3% 인하했다.

국내 대기업인 O사는 지난 2016년 포카칩과 주력 제품인 초코파이의 양을 10% 이상 늘렸다. 개당 중량이 39g으로 11.4% 늘어났으나, 가격은 기존과 같다. 이는 O사가 시장에서 불러일으키고 있는 '신선한 가성비 바람'이라고 생각된다. 그 취지는 어려운 경제난에 위축된 소비를 진작하고 저비용 고효율을 추구하는 소비자의 니즈에 부합한 것이다.

'가성비'란 '가격 대비 성능비(cost-effectiveness, the cost-to-benefit ratio)'의 줄임말로 경제적으로 위축된 우리나라 현 사회에 유행어가 되고 있다. 1974년 출시된 초코파이는 O사의 대표 제품으로 국내에서만 연간 4억5천만 개가 팔리고 있는데, 이번 증량을 통해 전 국민이 한 개씩 먹을 수 있는 5,000만 개가량의 가치를 소비자에게 더 제공하는 셈이라고 한다.

'가격 그대로에 무게를 10% 늘린 과자'는 환영할 만한 일이다. 그동안 많은 사람들이 '식품업체가 봉이 김선달보다 더하다', '물장사도 모자라 공기장사를 한다'고 포장 대비 양이 적었던 얌체마케팅 문제를 질타해 왔었다. 빵빵한 봉지에 과자가 몇 개 들어 있지도 않은 질소 충진 때문에 화가 많이 나 있었던 것이다.

물론 과자봉지 속의 질소는 과대포장이 목적이 아니라 과자의 파손과 산패 방지라는 좋은 취지로 넣은 것이다. 질소 충진으로 과자의 원형 유지와 제품의 신선도 유지, 바삭한 식감을 즐기게 해 준 것은 고마운 일이지만, 과대포장이라는 느낌이 들지 않을 정도의 양만 넣었으면 하는 것이 소비자의 바람이다.

게다가 정부의 '1회 제공량당 영양소 함량 규제정책'도 용량이 줄어드는 데 한몫했다고 생각한다. 시판 제품의 영양소 함량을 강제적으로 규제하고자 하는 정책인데, '고열량 저영양 식품'이라는 무서운 낙인에 찍히지 않기 위해 너도 나도 식품의 크기를 줄여 1회 제공량'을 줄였기 때문이다. 물론 크기에 연동해 가격을 낮추지 않아 식품기업들이 이 제도를 이용해 배를 불렸다는 지적도 있다. 결국은 국회 주도의 정부 정책에 기업이 영리하게 대응하면서 용량을 줄여 가격상승 요인이 발생했고 소비자만 손해를 본 것이다. 이번 O사의 가성비 제고에 의한 식품이 크기와 가격 보정은 착한 기업이라면 당연히 해야 할 일이라 생각한다.

과자의 양을 늘려 고맙긴 한데, 기우인지 모르겠으나 한편으로 걱정이 되기도 한다. 혹시나 누군가 식품의 가격 인하효과나 가성비는 생각지 않고, 과자 크기가 커지면 먹는 열량과 나트륨도 늘어나 건강을 해치는 나쁜 행위라

비난하지나 않을지 모를 일이다. 그리고 어린이들이 과자를 1회 제공량씩 또는 한 봉지씩만 먹는다고 착각하며 크기나 특정 영양소의 양을 줄이라고 할지도 모를 일이다.

영양과잉을 줄이는 최선의 방법은 '섭취량'을 줄이는 것이다. 먹는 양을 감시하지도 않으면서, 소비자도 일일이 무게 재며, 개수 세어 가며 먹지도 않는데, 섭취량을 줄이는 방편으로 1회 제공량을 제한하는 실효성 없는 '공급억제정책'을 추진하는 것은 득(得)보다 실(失)이 많을 것이라 생각한다.

· 1-4-3 ·

식품산업 나트륨 저감화 열풍과 나트륨비교표시제 시행

2017년 1월 1일부터 식품 포장에 표시하는 영양성분의 1순위가 기존 '탄수화물'에서 '나트륨'으로 바뀌며 나트륨 함량을 한눈에 비교할 수 있는 '나트륨 함량 비교 표시제'도 2017년 5월 전면 시행된다.
나트륨 함량 비교표시제는 식품군별 나트륨 함량 평균 기준치를 정하고 제품마다 그 기준과 얼마나 차이 나는지 상대적으로 비교해 그래픽으로 표시하는 방식이다. 나트륨 성분이 기준치의 120% 함유된 제품이라면 해당 식품군 평균보다 20% 짠 제품, 80% 함유됐다면 20% 덜 짠 제품이 되는 셈이다.

소금은 인류의 역사와 늘 함께해 왔고, 사람 생명에 필수물질이다. 또한 예로부터 육류와 채소류 등 저장성이 약한 음식의 부패와 변질을 방지하고, 인간의 건강과 활력을 유지하는 힘의 상징으로 여겼다. 고대 그리스 사람들은 소금을 주고 노예를 샀고, 로마에서는 병사들의 월급으로 소금을 나누어 주었다. 화폐의 개념이 없었던 과거에는 소금이 돈 그 자체였고 귀한 손님이 오시면 음식을 짜게 만들어 소금을 대접하기도 했으며, 소금을 두고 전쟁이 벌어지기도 했었다.

김치, 젓갈 등 발효식품에서 소금은 어쩌면 배추나 해산물보다도 귀했을 것인데, 조상들이 이렇게 많은 소금을 넣은 것을 보면 다 이유가 있을 것이다.

소금은 체내 대사에 필수물질임에도 불구하고 최근 과잉섭취 문제가 제기되면서 소금의 안전성 이슈가 붉어지고 있다. 특히 우리나라는 냉장고가 없던 시절에 원재료를 보존하고자 만들어 먹기 시작했던 장류, 젓갈, 김치 등 고염 발효식품의 섭취빈도가 높아 세계보건기구(WHO) 일일 섭취 권고량(2g)의 2배에 달하는 나트륨 과잉섭취로 고혈압, 뇌혈관질환이 문제되고 있다는 것이다.

이에 따라 앞으로 제조 · 가공 · 수입하는 국내 모든 식품에 '나트륨함량 비교표시'가 의무화되는데, 모든 정책이 그러하듯 이 제도도 일장일단이 있다. 그 취지는 "가공식품 중 나트륨 함량을 경쟁적으로 줄임으로써 국민의 나트륨 섭취량을 줄이자"는 좋은 것이다. 그러나 식품은 의약품과 달리 섭취량을 조절할 수가 없다. 강제급식도 아니고, 처방전 받아 식품을 정량만 구매, 섭취하는 것도 아니기 때문이다. 가공식품으로부터 아무리 영양소의 양을 줄인다 하더라도 소비자가 섭취량을 높인다면 개별 식품의 영양성분 규제가 전혀 의미 없어지기 때문이다.

예를 들면, 라면스프에서 나트륨을 줄이기는 참 어렵다. 소금 함량은 맛에도 영향을 줘 10%도 줄이기가 어렵다고 한다. 라면 먹을 때 나트륨 섭취량을 줄이는 가장 좋은 방법은 라면스프의 나트륨 함량을 줄이는 게 아니라 국물을 덜 먹고 남기는 것이라 생각한다. 라면의 총 나트륨은 80%가 국물에 존재해 국물을 절반만 먹으면 라면을 통한 나트륨 섭취량을 40% 감소시킬 수가 있다.

강제적 '공급억제정책'은 단기에 효과를 낼 수는 있을 것이나 산업 전반에 부작용이 많고 궁극적으로는 나트륨 저감화에 크게 기여하지 못할 것이라 생각한다. 멀리 보고 소비자 스스로가 행동하는 자율적 '소비(섭취)억제정책'만이 성공을 보장할 수 있다.

게다가 나트륨 비교표시와 색상 경고표시를 「식품위생법」 제11조에 명시할 필요까지는 없다는 생각이 든다. 이 법은 비록 "식품영양의 질적 향상과 국민 보건향상에 기여한다"는 목적이 있긴 하지만 명칭의 상징성으로 볼 때 식품의 위생과 안전을 중점적으로 다뤄야 한다고 생각한다. 법적으로 양에 제한 없이 사용 가능토록 허용한 안전한 식품과 첨가물에 대해 그 함량을 경쟁적으로 비교하게 하고, 빨간색 경고 색으로 표시케 하는 것은 시장에서 자율로 할 일이지 자본주의 사회에서 영양소 함량 규제를 법으로 강제화하는 것은 지나친 시장 간섭이고 건전한 산업발전의 걸림돌이라 생각한다.

이 제도는 국회의원 입장에서는 소비자와 국민의 눈높이에서 충분히 제안할 수 있는 정책이라는 생각이 든다. 그러나 독립적인 행정부가 입법부의 제안을 여과 없이 그대로 받아들여서는 안 된다고 생각한다. 행정부는 정책을 취함에 있어 소비자의 생명과 아울러 국가 경쟁력이라는 경제성부문, 그리고 사회경제적 여건 등 다각적인 요인을 함께 고려해 결정해야 하기 때문이다.

물론 1단계 면류 · 음료류를 시작으로 제품군 · 제품별로 단계적으로 확대할 것이고, 2년의 유예기간이 있어 아직 보완할 시간이 충분히 있긴 하지만 입법부와는 입장이 전혀 다른 행정부의 합리적이고 균형 잡힌 판단과 정책의 도입을 기대해 본다.

• 1-4-4 •

고카페인 음료 판매 금지 이전에 술 · 담배부터 금지하라

최근 한 국회의원으로부터 고카페인 음료의 판매를 금지하는 「어린이 식생활안전관리 특별법」 일부 개정안이 발의됐다고 한다. 성장기 어린이들의 건강상 우려 때문이다. 현행법은 어린이와 청소년의 올바른 식생활 습관을 위해 1㎖당 0.15㎎ 이상 카페인을 함유한 액체식품을 '고카페인 함유식품'으로 구분하고 초 · 중 · 고 학교 내에서 판매를 금지하고 있다. 그러나 여전히 학교 밖에서 쉽게 구할 수가 있어 법의 실효성에 문제가 있어 발의했다고 한다.

최근 카페인 음료시장이 뜨겁다. 커피가 좋아 하루에 여러 잔씩 마시는 사람이 많아졌고 핫식스, 레드불 등 에너지음료 시장도 최근 10년간 폭발적으로 성장 중이다. 덩달아 박카스, 비타민음료 등 피로회복제의 인기도 높다. 특히나 중고교 시험기간에는 잠을 쫓고 피로회복을 위해 매출이 10배 이상 급상승한다고 한다.

사실 카페인은 75% 이상이 커피를 통해 섭취되는데, 콜라, 초콜릿에도 함유돼 있을 뿐만 아니라 감기약, 진통제, 식욕억제제 등 의약품에도 광범위하게 사용된다. 식품에 따로 넣어 먹는 물질이 아니고 섭취량도 적어 우리나라는 물론 美 식약청(FDA)에서도 안전한 식품첨가물인 'GRAS(Generally Recognized As Safe)'로 허용돼 있다.

세계적으로 매일 평균 70㎎의 카페인을 섭취한다. 가장 많이 마시는 나라는 미국인데, 211~238㎎을 먹는다고 한다. 카페인의 인체 위해성이 없는 일일섭취허용량(ADI)은 성인 1인당 400㎎ 이하, 임산부는 300㎎ 이하, 어린이는 체중 ㎏당 2.5㎎ 이하로 정해져 있다. 원두커피 한 잔에는 115~175㎎의 카페인이 함유돼 있고, 캔커피(74㎎), 커피믹스(69㎎), 콜라(23㎎), 녹차(15㎎, 티백 1개 기준) 등에도 적지 않게 들어 있다. 피로회복제 박카스 1병(100㎖)에는 30㎎, 핫식스와 레드불 등 에너지 음료에도 각각 한 캔당 80㎎, 62.5㎎의 카페인이 첨가돼 있다. 즉, 커피나 에너지 음료는 체중 40㎏ 어린이의 경우 2캔 이상 마실 경우 ADI(100㎎)를 초과하게 된다.

물론 고카페인 음료를 호주에서는 의약품으로 분류하고 있고, 노르웨이는 에너지음료를 약국에서만 판매하고 있다. 또 스웨덴은 15세 이하 아동에게, 미국은 일부 주에서 18세 이하에게 에너지음료 판매를 금지하고 있는 실정이라 전 세계적인 규제 분위기는 이해가 간다. 그러나 하루 한 캔만 마시면 문제가 없는데, 두 캔 마시면 문제가 되니 금지하자는 건 전혀 상식적이지가 않다. 우리나라가 강제 급식하는 나라도 아니고, 고카페인 음료를 처방전 제출하며 사 먹는 나라도 아니기 때문이다.

우리 정부가 고카페인 음료를 금지하지 않고 엄격한 표시제도를 통해 소비자의 주의를 환기시키는 데는 다 이유가 있다. 물론 어린이와 임산부는 카페인을 주의해야 하는 것은 맞지만 정상적인 사람에게는 크게 문제시 되지는 않기 때문이다. 공급자가 카페인 사용량을 줄이고 주의 표시를 하는 규제와 병행해 청소년이나 소비자 스스로가 섭취량을 조절할 수 있는 능력을 갖게 만들어야만 궁극적으로 카페인 줄이기가 가능하다고 본다. 그래서 EU, 호주, 대만 등 선진국에 이어 우리나라도 2014년 2월부터 '고카페인 함유 식품' 표시제도를 시행하고 있다.

노르웨이 등 일부 국가에서 약국서만 판매를 허용하는 것도 문제다. 약국에서 주민등록증 확인하고 판매해야 하고 18세 이하 어린이나 청소년은 몸무게 재 가며 한 병, 두 병씩만 팔아야 한다. 더구나 처방전 갖고 오는 사람에게만 파는 것도 아니라 인근 약국에 가면 또 살 수 있는데, 어떻게 규제한다는 것인가?

사람이 먹는 모든 음식은 선(善)과 악(惡)이 있고, 과하면 모두가 독(毒)이 되는 것이 만고의 이치다. 양의 많고 적음이 있을 뿐이다. 커피, 에너지음료 등 고카페인 음료는 주식(主食)이 아닌 기호식품(嗜好食品)이다. 말 그대로 당길 때 편하게 먹으면 된다. 지나치게 탐닉하지만 않는다면 독(毒)과 약(藥)을 넘나들며 건강하게 즐길 수 있다고 본다.

식품안전 전문부처에서 철저한 안전성 평가를 거쳐 허가한 것을 '먹지 마라, 적게 먹어라!' 하는 것은 입법부에서 할 일이 아니라 생각한다. 앞으로 가뜩이나 음식에 대한 편견과 오해를 많이 갖고 있는 우리 소비자를 자극해 인기를 얻으려는 근시안적이고 포퓰리즘적인 식품 · 영양정책이 더 이상 제안되지 않았으면 한다. 정말 국회가 우리 국민들과 청소년들의 건강을 걱정하고 생명을 지키고 싶다면 허용된 식품이나 영양소를 따지기 전에 술, 담배 판매부터 금지하기를 바란다.

• 1-4-5 •

설탕세(Sugar tax) 등 세계적인 '설탕과의 전쟁' 선포

2011년부터 프랑스는 탄산음료 한 캔에 1%의 '설탕세(sugar tax)'를 부과하고 있다. 이로 인해 주요 기업들이 설탕 함량을 줄이거나 용량을 줄여 설탕세 도입 효과가 있었던 것으로 분석된다. 2018년 4월부터 영국도 설탕이 들어간 음료에 설탕세를 도입했다. 멕시코, 헝가리, 핀란드에서도 이미 수년 전부터 설탕세를 부과해 오고 있다. 그러나 콜라 등 설탕 함유 청량음료의 가격이 인상되는 부작용도 있다.

요 근래 설탕은 '21세기 마약, 담배'로 불릴 정도로 '공공의 적'이 되는 모양새다. 충치(蟲齒)와 비만(肥滿)은 물론 당뇨병, 고혈압, 우울증, 심장 질환, 심지어 암의 원인으로 꼽히기도 한다. 이쯤이면 거의 독(毒)에 버금가는 푸대접이다.

그럼에도 불구하고 인류는 꾸준히 설탕을 먹고 있다. 영국의 경우 1인당 연간 설탕 섭취량이 34kg으로 200년 만에 20배 가까이 늘어났다고 한다. 그런데 비만의 원인을 살펴보면 꼭 설탕 때문만은 아닌 것 같다. 중국은 전 세계 비만 1위의 나라인데 국민 1인당 설탕소비량은 2016년 기준 11kg에 불과하다. 이는 브라질(61kg)의 1/5, 미국(33kg)과 영국(34kg)의 1/3, 우리나라(25kg)와 전 세계 평균(24kg)에는 절반에도 미치지도 못하는 작은 양이다. 즉, 중국의 높은 비만 문제는 설탕 때문이 아니라 엄청나게 많은 양의 식사, 기름진 음식, 생활습관 등 다양한 요인들 때문이라 생각된다.

비만은 "몸에서 에너지로 쓰고 남은 여분의 칼로리가 지방의 형태로 몸에 축적된 상태"를 뜻한다. 그런데 이 여분의 칼로리는 설탕의 당 성분뿐만 아니라 단백질과 지방, 탄수화물 등 모든 영양분에 의해 만들어진다. 비만의 주범은 엄밀히 말해 설탕이 아니라 초과 섭취된 칼로리, 그리고 적은 칼로리 소비량 그 자체다. 즉, 높은 input, 낮은 output이라는 이야기다.

그리고 비만의 원인이 당(糖)이라면 설탕뿐 아니라 과일, 과채주스, 쌀밥, 면을 포함한 당류가 포함된 모든 식품을 주의해야 한다. 특히 우리나라는 당 섭취의 1/3이 과일을 통해 이뤄지기 때문이다. 국민건강영양조사 자료에 따르면 우리 국민 1인당 일평균당 섭취의 33%는 과일이며, 우유 14.5%, 탄산음료 8.3%, 쿠키 · 크래커 · 케이크 8%, 캔디 · 젤리 · 꿀 · 엿 · 초콜릿 7.7%, 채소 3.7%, 식빵 · 팬케이크 · 토스트 2.9%, 과일주스 2.5%, 아이스크림 2.4%, 김치 2.2%를 통해 당을 섭취한다고 한다. 즉, 당 함량이 높은 대표식품으로 탄산음료, 과자, 케이크 등이 주로 꼽혀 왔지만 사실 과일과 비타민음료, 수정과, 식혜, 과일잼, 스틱커피 등에 오히려 많이 들어 있는 셈이다.

또 사람들이 흔히 하는 오해 중 하나는 '착한 당'과 '나쁜 당'이 따로 있다고 생각하는 거다. 여기서 착한 당은 꿀이나 쌀, 감자와 같은 비가공식품의 천연당(天淵糖)을, 나쁜 당은 식품에 인위적으로 넣은 설탕 등 첨가당(添加糖)을 지칭하는 것이겠지만 이는 사실이 아니다. 모든 단순당, 탄수화물 식품, 당 함유 음료는 우리 몸에서 소화되어 당의 형태로 흡수된다. 착한 당은 없다! 나쁜 당도 없다! 다양한 종류의 당이 있을 뿐이다. 단당, 이당, 올리고당, 탄수화물 모두 당(糖)이라는 걸 인정해야 한다. 먹는 당의 종류를 달리한다고 해서 당을 피할 수 없다. 적게 먹어 총 당의 섭취량을 줄이는 것만이 당이 일으키는 피해로부터 벗어날 수 있는 유일한 길이다.

유럽 각국의 설탕세 부과는 인류의 비만을 줄이자는 좋은 취지고 명분도 있다. 그러나 가장 먼저 도입한 덴마크는 도입 1년 만에 일자리 감소와 산업 위축 등을 이유로 폐지했다. 핀란드도 식품업계의 반발로 설탕세 일부가 폐지되는 등 유럽 내에서도 찬반이 분분한 상태다. 미국도 마찬가지인데, 현재까지 약 30개 도시 및 주 정부들이 설탕세 도입을 추진했었지만 서민 증세라는 비난 속에 다수가 실패로 돌아갔고, 현재 운영 중인 지역은 버클리와 필라델피아, 시애틀, 볼더 등 소수에 불과하다, 아시아에서는 인도와 태국, 필리핀 등이 지방세 및 설탕세를 도입하고 있는 상황이다.

설탕에 대한 불평등한 세금 부과는 오히려 설탕에 대한 푸드패디즘을 유발하고, 설탕을 대체하는 인공감미료의 무분별한 사용을 조장할 수도 있다. 당 섭취량을 줄이자는 취지에는 공감하고 전적으로 동의하지만 당 자체를 나쁜 성분으로 규정짓거나 탄산음료나 가공식품에만 초점을 맞추는 것에는 문제가 있다고 생각한다. 가공식품의 당 줄이기가 단기적으로는 비만 예방 정책의 성과를 가져다주겠지만 장기적으로 성공하기 위해서는 비만의 모든 원인, 모든 식품의 당 함량, 당의 주요 섭취원 등 팩트를 정확히 알리고 국민 스스로가 생활 속에서 당 섭취를 줄이도록 유도하는 캠페인이나 계몽의 방향으로 가는 게 적절하다고 본다.

• 1-5-1 •

대한민국은 HACCP 공화국, 이대로 좋은가?

식약처는 2017년 12월부터 매출액 100억 원 이상인 영업소와 계란 · 순대를 제조하는 식품제조가공업체까지도 식품 HACCP(식품안전관리인증)을 전면 의무화한다고 한다. 이는 식품업체 전반에 HACCP을 적용하겠다는 정부의 의지에 따른 것이다. 또한 제조 · 가공업 HACCP 의무 적용과 병행해 식자재 납품업소, 축산물 판매 · 보관 · 운반 업소, 고속도로 휴게소까지 HACCP 인증이 확대된다고 한다.

HACCP은 식품의 예방적 선진관리시스템인데, 기업과 소비자 모두가 윈-윈 할 수 있는 가장 효과적인 식품안전관리 수단임에는 틀림없다. 생산단계 원료 관리로부터 제조, 가공, 유통 전 과정까지 생물학적, 화학적, 물리적 위해요소가 식품에 혼입되거나 오염으로부터 생길 수 있는 위해가능성을 사전에 방지한다. 우리나라의 HACCP은 1995년 12월, 1997년 12월부터 「식품위생법」, 「축산물가공처리법」에서 각각 도입된 정부 주도의 식품안전관리제도다.

기업은 HACCP 마크를 붙임으로써 공신력을 갖춰 내수는 물론 수출할 수 있다. 또한 식품사고 발생 시 제조물책임법(PL법)에 의한 경제적 손실을 미리 예방할 수 있고, 리콜할 필요가 없게 안전성이 확보된 제품을 만들 수가 있다.

HACCP은 우리 식품산업이 척박하고 기업들의 위생관리가 미흡했던 20여 년 전 어쩔 수 없는 선택으로 정부에서 주도해 시작됐다. 당시 우리나라는 사후관리제도의 꽃인 PL법이 유명무실했기 때문에 정부 주도의 예방적 안전관리제도를 시행할 수밖에 없는 상황이었다. 이후 우리나라 HACCP은 위해 가능성에 따른 품목별, 규모별, 업소별 차등적 의무 적용과 자율적 도입이라는 투 트랙 방식으로 매우 성공적으로 추진돼 왔다.

또한 안전한 식품을 원하는 시대적 니즈에 부합해 사회각층의 전폭적 지지로 지금까지 엄청난 성장을 이뤄 왔다. 그러나 일부 현장과 동떨어진 비현실적인 프로그램의 적용, 합리적이지 못한 의무적용 품목선정 등에 대한 아쉬움은 남아 있다.

그러나 정부의 HACCP 정책과 현장에서의 실질적 적용에는 어느 정도 시간차가 필요해 속도 조절이 필요하다. 금번 '100억 원 이상 업체 의무화' 시책만 봐도 그렇다. 어떻게 보면 정말 시급히 HACCP을 의무화해야 할 대상 업체는 100억 원 이상 대규모 영업소가 아니라 오히려 직원이 몇 명 안 되고 시설도 제대로 갖추지 못한 영세하고 열악한 영업장이라 생각한다. 그것도 비용이 많이 드는 시설과 설비 중심이 아닌 위생관리 활동인 software 중심의 HACCP이 필요하다. 간편한 CCP 점검과 기록관리 등이 뒷받침된 현실적 HACCP 프로그램 말이다. 어차피 매출 100억, 1,000억 되는 회사는 수출도 해야 하고 안전 전문 인력과 투자 여력을 모두 갖추고 있어 안전관리에 만전을 기하고 있다.

사실상 HACCP 인증은 민간의 필요에 의해 시작되고 정부가 제도적으로 뒷받침해 주는 형식이라야 그 효과가 크다. 대부분의 선진국 사례를 보면 알 수 있다. 정부 주도의 의무적용은 기업 입장에서는 억지로 추진하는 것이라 자발적 도입보다는 당연히 형식적일 수밖에 없고 프로그램도 비현실적일 가능성이 높다.

현재까지 우리나라에서의 HACCP은 정부가 주도했다. 물론 정부가 주도한다고 항상 나쁜 것은 아니다. 민간이 추진할 수준이 되지 못하거나 여력이 없을 때 정부에서 제도를 만들어 시동을 걸어 주고 자금과 인력을 투입해 밀어주면 더 빨리 제대로 추진이 되는 것은 맞다. 그리고 지금까지 20년간 HACCP이 정부주도로 착실하게 잘 추진돼 왔다. 그러나 앞으로는 아니라고 생각한다.

이제는 2020년이다. 언제까지 정부가 민간을 끌고 갈 것인가? 우리나라의 HACCP은 현재 어느 정도 궤도에 올라 이제는 상당 부분 민간에 이양해야 할 때라고 본다. 게다가 정부는 양적 목표에 의한 지속적 외형 확대 정책보다는 HACCP의 실효성 등 질적인 성장에 초점을 맞춰야 한다. 즉, 인증제도의 법적 근거 유지, 소비자 인지도 제고, HACCP 인증 관리 · 감독 등 최소한의 역할만 직접하고 그 활성화와 확산은 민간에 맡겨도 될 시기라 생각한다. 또한 집단소송제가 도입되고 PL법도 정착되고 있는 상황이라 더더욱 그런 생각이 든다.

• 1-5-2 •

지나친 HACCP 의무화 정책 속도조절 필요

최근 살충제 계란파동 등 식품안전에 대한 우려가 커지면서 식약처는 2018년 12월부터 식육가공업에 '식품안전관리인증기준(HACCP)'을 의무 적용, 잔류물질 검사, 가축 도축 시 교차오염 관리 등 축산물의 위생관리 강화를 주요 내용으로 하는 「축산물위생관리법」 시행규칙 일부를 개정했다고 한다. 소시지, 햄 등을 가공하는 식육가공업체는 2024년까지 단계적으로 HACCP 인증을 의무적으로 받아야 한다.

HACCP은 식품의 예방적 선진관리시스템으로 기업과 소비자 모두가 윈-윈 할 수 있는 가장 효과적인 식품안전관리 수단이다. 우리나라의 HACCP은 1995년 12월, 1997년 12월부터 「식품위생법」, 「축산물가공처리법」에서 각각 도입된 정부 주도의 식품안전관리제도다. HACCP은 우리 식품산업이 척박하고 기업들의 위생관리가 미흡했던 20여 년 전 어쩔 수 없는 선택으로 시작됐다. 이후 우리나라 HACCP은 위해가능성에 따른 품목별, 규모별, 업소별 차등적 의무 적용과 자율적 도입이라는 투 트랙 방식으로 성공적으로 추진돼 왔다.

비록 우리나라의 HACCP 제도는 다른 나라에 비해 늦게 도입됐지만 우리가 그간 만들어 온 '한국형 HACCP'은 다른 식품 산업 강국들에 귀감이 되고 있다. 그러나 이번 의무화 조치로 많은 식육가공업체들은 현장 상황을 파악하지 않은 일방적 의무화 추진이라며 반발하고 있다. 물론 HACCP은 현재 정부가 추진하고 있는 식품안전 정책 중 소비자로부터 가장 호평 받고 있는 것은 맞다. 하지만 기업들의 불평이 하늘을 찌르고 있는데, 특히, 문서 작성이 어렵고 비용이 많이 들어가기 때문이다. 정부의 식품 유형별 안전기준이 있음에도 불구하고, 의무 품목들은 HACCP 인증을 꼭 받아야만 사업을 할 수가 있다.

사실 HACCP 인증을 받지 않더라도 안전한 축산물을 생산할 수 있고 판매할 수가 있다. 우리뿐 아니라 세계 모든 나라가 그렇다. HACCP은 식품안전을 확보하기 위한 수단이고 과정일 뿐이기 때문이다. 그간의 불량식품 근절정책과 기준규격 선진화, HACCP 추진 등으로 우리나라 정부나 제조업체의 식품 안전관리 역량은 거의 최고 선진국 수준에 이르렀다고 생각된다. 지금 정부의 HACCP 의무화 정책은 도를 넘어 안전한 식품이 목표가 아니라 HACCP 인증 그 자체가 목표가 돼 버린 듯하다. 식품업체들의 부담으로 HACCP 설비업체나 컨설팅 업체만 배불려 주는 꼴이 아닌지 걱정스럽기만 하다.

시장에서 HACCP 인증받은 제품을 납품받겠다는 것은 말이 되지만 HACCP 인증을 받은 제품만 시장에서 팔 수 있다는 것은 논리적으로나 시장경제 체제에 전혀 맞지 않다고 본다. 정부는 최종 제품별 안전 기준 · 규격을 설정해 관리하고 있다. 이를 지킨 식품이면 시장에서 팔 수가 있어야 하는데, 추가로 HACCP 인증을 또 받아야만 팔 수가 있는 의무화는 최소한의 위해 우려 식품에 대해 정책적 판단으로 예외적으로 운영하는 것은 이해가 되나 거의 모든 식품에 도입되는 것은 문제라고 본다. 이러다 "우리 식품 산업은 100% HACCP 인증하겠다"고 정부가 선언하는 웃긴 상황이 일어날지도 모를 일이다.

모든 식품이 HACCP 인증을 받으면 인증이 무슨 의미가 있을까? 일반식품의 안전기준을 HACCP 인증 수준으로 높이면 될 것을…… 그러면 기업들이 HACCP이라는 수단을 사용하든 ISO나 다른 수단을 사용하든 자체 위생관리 메뉴얼을 사용하든 최종제품의 기준 · 규격을 지켜 안전하게 식품을 제조, 판매하면 된다.

HACCP은 일반식품보다 엄격한 '프리미엄 안전기준'이다. 그러나 모든 식품이 HACCP 인증을 받게 되면 프리미엄이 의미가 없게 되고 업체의 실수로 HACCP이 취소되면 자동적으로 영업정지가 돼 이중 규제가 되는 것이다.

HACCP은 목표가 아니라 과정이고 수단일 뿐이다. 시판되는 최종제품의 안전성만 확보하면 되는데, 만드는 과정까지도 정부가 간섭하는 꼴이다. HACCP 인증 없이도 정부가 정한 해당 제품의 안전기준과 규격을 준수하면 팔 수 있어야 한다. HACCP 인증은 시장에서 자율적으로 도입하고 싶은 기업은 도입하고 여력이 안 되는 기업은 판매 가능 안전기준을 충족해 일반식품으로 저가에 판매하면 된다.

HACCP 의무화는 "HACCP 인증식품만 팔 수 있게 하자!"는 것이라 "Non-GMO, 유기농만 팔 수 있도록 하자!"는 일부 생산자단체의 주장과 같은 맥락이라고 생각한다. 정부의 '식품안전 기준'과 'HACCP 인증 기준'이 다르다는 것을 인정하고, HACCP은 안전한 식품을 만들기 위한 수단이지 절대 목표가 될 수 없다는 걸 명심했으면 한다.

· 1-5-3 ·

항생제와 무항생제 고기 인증제도

요즘 건강한 육식에 대한 관심이 커지면서 무항생제 고기가 인기다. 닭고기와 계란, 돼지고기와 소고기, 우유에 이르기까지 항생제를 전혀 쓰지 않고 키운 축산물이라는 생각에 정부의 '무항생제 인증'을 받은 제품이 30%까지 비싼 가격에도 불구하고 잘 팔리고 있다. 그런데 정부 기준에 따르면 무항생제와 일반축산물의 차이는 동물을 도축하기 전 며칠 동안 항생제 사용을 금지하는 이른바 '휴약기간'을 늘린 것뿐이다. 즉, 일반 돼지고기가 출하 전 5일 동안 어떤 항생제 사용이 금지돼 있다면, 무항생제는 열흘 동안 이 약품을 쓰지 못할 뿐, 항생제로 키우는 건 똑같다는 것이다. 전문가들은 사실상 휴약기간만 지키면 거의 모든 약물이 배출되기 때문에 위생과 안전도 측면에서 무항생제와 일반축산물의 차이는 없다고 보고 있다. 결국, 항생제를 똑같이 사용하고 별 차이도 없는 축산물을 소비자는 인증만 믿고 비싸게 사 먹는 셈이라는 이야기다.

항생제는 인류를 구한 최고의 발견인 명약이자 인체에 해를 주는 무서운 독이기도 하다. '항균제'는 미생물을 억제하는 물질을 총칭하며, '항생제'는 미생물이 생산한 대사산물 중 미생물을 억제하는 물질을 말하므로 항생제가 더 좁은 의미이지만, 대중적으로 같은 의미로 사용된다.

항생제는 1929년 플레밍(Fleming)이 푸른곰팡이인 페니실리움(Penicillium)에서 발견한 물질과 1940년 영국 오스포드대학의 플로리(Florey)와 체인(Chain)에 의해 주사약으로 개발된 페니실린(Penicillin)으로부터 시작된다. 이는 2차 대전 당시 인류의 희망으로 부상하면서 20세기 가장 위대한 발견 중 하나로 꼽힌다.

항생제의 사용은 동전의 양면처럼 이익과 손해를 모두 갖고 있는데, 세균 감염의 치료제로서 이익이 매우 크나 비교적 독성이 강한 물질이고, 알레르기와 항생제 내성을 유발해 점점 세균들의 저항성이 커지는 단점이 있다. 뉴욕대학의 Martin Blaser 박사는 항생제는 공짜가 아니라 값을 치러야 한다고 말하고, 사람이 항생제를 먹으면 이로운 장내 소화박테리아를 감소시켜 면역력이 약화돼 알레르기에 더욱 민감하게 된다고 한다.

독일에서는 시중 판매되는 그릴 소스를 발라 판매되는 고기의 14%에서 메티실린 항생제내성 황색포도상구균(MRSA)이 검출되었다고 한다. 독일의 위해평가연구소는 해당 병원균이 항생제에 내성을 일으키며, 호흡기의 염증을 일으키는 등 건강에 위해하다고 경고하고 있다. 특히 돼지 목살 스테이크와 칠면조 고기에서 MRSA균이 검출되었는데, 그 원인은 사육된 가축에 대한 항생제 오남용으로 추정된다고 한다.

기존의 항생제가 더 이상 효과를 내지 못해 유럽에서 해마다 25,000명이 사망한다는 사실을 강조하고 있다. 전문가들은 항생제 내성의 위협을 테러리즘과 같은 수준의 심각한 사안으로 보고 있다. 특히, 우리나라는 항생제가 오용 및 과용되고 있는 대표적인 국가 중의 하나라 걱정된다.

이런 위험성을 가진 항생제 문제 때문에 가축 생산 시 무항생제 제품에 대한 우리 소비자의 기대는 매우 크며, 항생제를 전혀 쓰지 않는 것으로 알고 있다. 그런데 휴약기간을 2배로 지켰다고 무항생제 인증을 준다는 것은 상식적이지 않다. 즉, 휴약기간 차이를 두는 것은 항생제 내성균 유발 등에 아무런 차이가 없기 때문에 소비자를 위한 인증이 아니라 생산자에게 이익을 주기 위한 수단이라는 생각이 든다.

실제 가축이 병에 걸렸을 때 항생제 치료를 하거나 항생제사료를 먹인 경우에는 휴약기간을 거쳤다 하더라도 무항생제 인증을 부여해서는 안 된다 생각한다. 무항생제 인증을 없애거나 기준을 더욱 엄격하게 개선하는 것이 필요하다. 무항생제처럼 신뢰 바탕의 산업인 프리미엄 제품으로 높은 가격을 받고 있는 친환경농법, 유기농식품에 대해서는 철저한 감시감독과 사후관리를 입증해야만 소비자의 신뢰를 받을 수 있고 시장의 건전한 성장이 가능할 것이다.

• 1-5-4 •

누구를 위한 무항생제 인증인가?

팩트올(2016.12.2)에 따르면, 계란 하나의 가격은 전국 평균 152원이라고 한다(대한양계협회 2016.10). 그런데 무항생제 계란은 개당 350~380원에 판매되고 있다고 한다(인터넷 쇼핑몰 2016.12월 기준). 무항생제 계란 가격이 평균 계란 값보다 2배 이상 비싼데 '무항생제' 계란은 항생제가 없거나 전혀 사용하지 않은 제품이 아니다. 그 차이는 동물을 도축하거나 알을 낳기 전 며칠 동안 항생제 사용을 금지하는 이른바 '휴약기간'을 2배 늘린 것뿐이다. 즉, 일반 축산물이 출하 전 5일 동안 어떤 항생제 사용이 금지돼 있다면, 무항생제는 열흘 동안 이 약품을 쓰지 못할 뿐, 항생제로 키우는 건 똑같다는 이야기다.

우리나라 '무항생제' 인증 축산물은 가격이 2배 이상이라 소비자의 기대가 매우 높다. 생산자들은 너도나도 무항생제 계란만을 생산하다 보니 오히려 프리미엄도 아닌 당연한 것이 돼 버렸다. 불행히도 이 인증은 소비자보다는 생산자의 이익을 위한 제도라 생각된다.

가축이 병에 걸려 항생제 치료를 받거나 항생제사료를 먹인 경우에 법적으로 정해진 항생제 종류별로 10~40일의 휴약기간을 지키면 '일반 축산물(계란)', 2배의 휴약기간을 지키면 '무항생제 인증'을 받는다.

'휴약기간'은 가축의 근육이나 계란에 잔류하는 항생제를 최소화하는 기간인데, 시간이 지나도 항생제가 완전히 사라진다고 확신할 수는 없다. 즉, 휴약기간이 약제가 사라질 때까지 필요한 기간이란 것은 법적인 정의에 불과하다. 미국 뉴멕시코주 주립대 축산학과의 로저스교수는 2004년에 "휴약기간이 10일인 항생제 페니실린을 투여한 소들 중에서 31%는 10일이 지나도 항생제가 남아 있었다"는 연구결과를 발표하기도 했다.

소비자가 '무항생제'를 원하는 것은 식품 중 잔류하는 항생제의 피해를 줄이기 위해서이기도 하지만 항생제 사용에 따른 '슈퍼박테리아' 즉, 항생제로 죽지 않는 항생제내성균의 출현과 재앙을 우려해서다. 전 세계적으로 슈퍼박테리아가 맹위를 떨치고 있는데, 우리나라에도 우려가 현실이 되어 지난 11월 30일 질병관리본부가 유전자 'MCR-1'을 가진 항생제내성균 슈퍼박테리아의 국내 첫 발견을 발표했다.

슈퍼박테리아는 항생제를 무분별하게 사용하는 과정에서 발생한다. 항생제를 쓰면 쓸수록 세균이 내성을 키워 나가기 때문이다. 이런 문제로 우리 정부는 2007년부터 항생제를 쓴 축산물의 유통을 줄이기 위해 '무항생제' 인증제도를 운영하고 있다. 계란도 그 대상인데 무항생제 인증을 받은 계란이 곧 '항생제 제로 계란'을 의미하는 것은 아니다.

정부가 사료 중 항생제 사용을 허용했다면 항생제 사용을 안전하다고 판단한 것이다. 이를 허용한 정부가 무항생제 인증 제도를 시행하다 보니 소비자에게는 항생제가 나쁜 독(毒)으로 인식되고 있다. 이는 허용한 식품첨가물을 사용하지 않을 때 무첨가 인증을 부여하는 것과 같은 꼴이다. 이렇게 되면 정부가 나서서 식품첨가물은 나쁘다고 인정하는 셈이라 소비자 입장에서는 당연히 헷갈리고, 해서도 안 된다.

한국동물약품협회에 따르면 우리나라의 축산용 항생제 사용량은 2012년 936톤, 2014년 636톤으로 점차 줄어드는 추세라 하나 유럽 선진국에 비하면 여전히 사용량이 많다고 한다. 덴마크의 경우, 2013년 사용량이 128톤, 노르웨이는 약 7톤에 불과하다고 한다. 우리나라가 항생제 오남용의 국가임에는 틀림없는 것 같다.

항생제 사용을 규제하는 것은 올바른 정책 방향이다. 그러나 '무항생제 인증'은 정부에서 할 일은 아니고, 게다가 지금과 같은 2배 휴약기간에 부여하는 것은 생산자를 위한 방식이다. 정부의 제도 도입 취지가 항생제를 줄이는 것이라면 법적 사용기준을 줄이면 된다. '무항생제 인증'은 프리미엄 안전이므로 정부가 아닌 민간이 주도해야 하고 정부는 이를 감시, 감독해 시장질서만 유지하면 된다고 생각한다.

키워드1-6 규제(6) 유통기한

· 1-6-1 ·

식량 보존의 관점에서 본 우리나라 식품 유통기한 제도의 문제와 개선점

2019년 9월 27일 한국식량안보연구재단과 식생활교육국민네트워크의 "식량낭비 감축을 위한 협력방안 모색을 위한 세미나"를 개최했다. 국내 식량자급률은 지난해 기준 46.7%에 불과해 OECD 국가 중 최하위에 머물고 있음에도 불구하고 생활폐기물 중 음식물 폐기물이 30%가량을 차지하고 있고 음식 폐기 비용도 연간 8천억 원 이상이 든다고 한다. 음식 폐기물이 증가할수록 사회적 비용 부담은 당연히 증가돼 버려지는 음식으로 인한 식량 낭비를 막는 것이 전 세계적으로 중요한 화두가 되고 있다.

美 트럼프 정부는 2019년 4월 "2030년까지 미국의 식량낭비를 현재의 반으로 줄이겠다!"는 목표를 3개 정부 부처와 민간단체가 협력해 추진한다고 선언했다. 이 세상에서 식량을 가장 많이 낭비하는 미국이 현재의 절반 수준으로 음식 폐기물을 줄이겠다고 한 것은 의미가 매우 크다. 또한 네덜란드의 식품유통체인 업체인 Ahold Delhize도 슈퍼마켓에서 나오는 음식 폐기물을 50% 줄이겠다고 약속했다고 한다.

전 세계적으로 식량낭비의 심각성을 인지하기 시작했고 이를 줄이기 위해 기업과 국가가 노력하기 시작했다는 의미다. 특히 경제적 관점을 넘어 음식 폐기물이 발생시키는 온실가스인 이산화탄소를 줄여 지구를 보호하자는 환경보호 운동으로까지 확대되는 추세다.

특히 미국 내 버려지는 식품은 매년 약 200조 원 규모인데, 이 중 약 20%가 유통기한 표기의 오해에서 비롯돼 아깝게 버려진 것이라 한다. 그래서 美 FDA가 음식물 섭취기한에 대한 소비자 혼란 방지와 멀쩡한 식품의 폐기를 줄이고자 전 세계에서 가장 다양하게 운영 중인 유통기한 표기 방식을 표준화할 것을 제안했다. 현재 미국의 식품 섭취기한 표기법은 식품의 수명과 판매기한 등 매우 다양하게 사용되고 있는데 이를 '품질유지기한(Best If Used By)'으로 표준화한다는 의사를 밝혔다고 한다.

우리나라의 사정을 살펴보자. 유통기한 임박 식품은 물론이고 품질유지기한 임박 식품까지도 마트에서 반품, 폐기대상이 되고 있는 상황이고 이들 제품은 푸드뱅크나 복지시설에서조차도 받지 않는다고 한다. 우리 소비자는 유통기한이 임박했거나 경과된 제품을 무조건 먹지 못하는 것으로 인식하고 있어 아까운 음식이 폐기되고 있는 상황이다. 지난 2011년 식량안보재단의 '유통기한 경과로 인한 폐기식품 발생현황과 감축안에 대한 보고서'에 따르면 유통기한 전후로 폐기되는 우리 가공식품은 연간 6천억 원 수준이고 이 중 유통기한 전에 폐기되는 경우가 35%에 달했다고 한다.

반면 일본은 오래전부터 유통기한이 아닌 소비기한(제품의 수명)과 상미기한(품질유지기한) 제도를 운영하고 있는데, 라면, 레토르트식품, 발효식품, 과채류 등 건강상 문제없는 상미기한 임박 식품전문점이 60~70% 저렴한 가격으로 인기를 끌고 있다고 한다.

우리 식품산업계는 현재의 유통기한 표시가 소비기한으로 개선돼야 한다는 입장이라고 한다. 그러나 단순히 시간만 연장되는 소비기한 제도 도입으로는 사회적 공감대를 얻기 어렵고 식품 폐기물 감소효과 또한 크지 못해 콜드체인 등이 뒷받침된 '시간과 온도'를 함께 고려한 합리적 소비기한 도입이 현실적이다.

지난 2001년에 20개 사회단체가 모여 결성한 생활환경운동여성단체연합은 이듬해 '식량낭비 저감화를 위한 음식물류 폐기물 줄이기 운동'을 전개한 바 있다. 음식물 쓰레기 없는 날 캠페인 등을 펼쳤으나 국가 정책의 일관성 부재로 시민운동에서 범국민운동으로 발전하지 못해 실패했다고 한다.

우리 정부는 현재의 유통기한 제도를 보완할 필요가 있다. 현행 '품질유지기한' 제도는 유지하되 이와 함께 '유통기한' 대신 '소비기한'을 도입해 진정한 소비자를 위한 정책이 되기를 바란다. 소비기한 제도의 확산은 기업만 배불려 주는 게 아니라 식량 낭비를 줄여 경제적으로도 이익이고 온실가스 저감화로 환경에도 도움이 된다. 게다가 집에서 언제까지 먹을 수 있는지를 정확히 알려 줘 기업과 소비자 모두에게 좋은 제도다. 이런 장점들을 포인트로 알린다면 보다 쉽게 정착할 수 있을 것이라 생각한다.

우리나라에서도 유통기한 임박 및 품질유지기한 경과 제품에 대한 판매 및 기부제도가 외국처럼 활발히 도입돼야 한다고 본다. 이를 위해선 대국민 인식 개선과 기부 활성화를 위한 제도적 뒷받침, 사회적 공감대가 우선돼야 한다. 식량 자급율이 세상에서 가장 낮은 우리 국민들의 식품에 대한 유통기한, 품질유지기한, 소비기한 관련 의식 전환이 필요하다. 소비자단체와 산업계, 정부 모두가 힘을 합쳐 대대적인 캠페인을 벌여야 할 시점인 것 같다.

• 1-6-2 •

美 FDA 유통기한 표기법 표준화에 따른 현행 우리나라 유통기한 표시제도의 개선 방향

2019년 美 FDA(식약청)가 음식물 섭취 기한에 대한 소비자 혼란 방지와 멀쩡한 식품의 폐기를 줄이고자 유통기한 표기 방식을 표준화할 것을 제안했다고 한다. 현재 미국의 식품 섭취기한 관련 표기법은 식품의 수명과 판매기한이 공존해 'Use before', 'Sell by', 'Expires on' 등 다양하게 사용되고 있는데 이를 'Best If Used By' 즉, '품질유지기한'을 표준으로 통일한다는 의사를 밝혔다고 한다.

美 FDA는 더 소비될 수 있음에도 불구하고 버려지는 음식물 쓰레기를 줄이고자 이번 표준화를 추진하게 됐는데, 'Best If Used By'라는 표현이 소비자에게 의도를 가장 잘 전달할 수 있을 것으로 판단했다고 한다. 미국 내 버려지는 식품은 매년 1,610억 달러 규모인데, 이 중 20%가 유통기한 표기의 오해에서 비롯돼 아깝게 버려진 것이라 한다. 올바르게 보관된 식품이라면 표기날짜가 지났더라도 섭취에 지장이 없어 폐기할 필요까지는 없다는 것이다. 이 조치에 대해 미국 식품업계는 반기고 있다. 한편, 일본은 오래전부터 유통기한이 아닌 상미기한 제도를 운영하고 있는데 라면, 레토르트식품, 발효식품, 과채류 등 건강상 문제없는 상미기한 임박 식품 전문점이 60~70% 저렴한 가격으로 인기를 끌며 급성장하고 있다고 한다.

전 세계적으로 식품에 '섭취기한(소비기한)', '판매기한', '포장일자', '제조일자', '최상품질유지기한(상미기한)', '최상섭취기한' 등 다양한 유통기한 표시가 활용되고 있다. 과거 우리나라 유통기한 제도는 「식품위생법」에서 품목별로 일괄적으로 정해져 운영됐다가 2002년 7월부터 제조업체별로 자율적으로 설정하도록 허용됐다. HACCP 등 위생관리시스템 도입으로 같은 품목이라도 개별 회사별로 시설, 인력, 위생수준이 달라 유통기한이 다르기 때문이다.

소비자가 식품을 구매할 때 반드시 확인하는 것이 '가격'과 '유통기한'이라고 한다. 소비자는 유통기한이 오래 남은 식품을 구매하고 싶어 하고, 판매업자는 유통기한이 임박하면 잘 팔리지 않고 혹 지나기라도 한다면 처벌받을까봐 미리 폐기 또는 반품한다. 현재 시중에 판매되는 모든 식품의 유통기한은 식약처에서 정한 과학적 검증을 통해 설정되고 있으며, 일반적으로 안전마진까지 고려해 식품 수명의 약 70% 정도 수준에서 유통기한이 결정된다고 한다. 그래서 우리나라의 유통기한은 판매하는 기한이지 더 두고 먹어도 안전에 문제가 없다. 그러나 정확히 유통기한에서 얼마만큼 기간이 지난 것까지 먹을 수 있는지는 아무도 모른다. 식품의 종류마다 다르고 제조사와 브랜드, 보관 상태에 따라 다르기 때문이다.

그래서 소비자는 대부분 가정에서 유통기한이 지난 식품을 보면 먹을까 말까 고민한다. 일부 유통기한이 지나도 어느 정도까지는 먹을 수 있다고 들은 사람들은 버리지 않고 먹을 때가 있긴 하나 늘 찜찜한 마음을 감출 수가 없는 것이 현실이다.

이에 2007년 1월부터 시간이 경과해도 안전에 문제가 없는 통조림, 김치, 잼류, 가루제품 등은 유통기한 대신 '품질유지기한'을 사용할 수 있게 하고 있다. 이 품질유지기한이 바로 금번 미국이 표준화하고자 하는 'Best If Used

By'이다. 그러나 이 표시도 한계는 있다. 장기간 보관해도 안전에 문제가 없는 수분활성도가 낮은 식품이나, 산성식품, 레토르트식품 등에는 적용이 가능하지만 육류, 유제품 등 쉽게 상하는 신선식품은 순식간에 수명이 다해 위험하기 때문이다.

수년 전 우리나라에서는 경제부서 주도로 식품 반품과 폐기물 발생을 줄여 가격 인하 효과를 낼 수 있는 '소비기한' 제도를 도입하려 했다. 그러나 일부 소비자단체가 반대했고 이를 안전당국이 받아들여 현재 도입되지 못하고 있는 상황이다. 사실상 현행 '유통기한' 제도는 판매자와 안전관리 당국에겐 편리해 유지하고 싶을 것이다. 그러나 제조업체와 소비자에겐 손해다. 일정 기간 더 먹을 수 있는 것을 폐기 또는 반품해 제조원가가 높아지고 고스란히 가격 인상으로 이어져 결국 소비자가 손해를 보는 구조이기 때문이다.

당연히 식품의 수명을 알려 주는 '소비기한' 제도가 소비자를 위한 제도다. 가정에서 언제까지 먹을 수 있고 언제 버려야 하는지를 정확히 알려 주고 유통기한보다 더 길게 보관할 수 있기 때문에 가격 인하효과도 있다고 본다. 이런 연유로 미국은 '품질유지기한'만 운영할 것이 아니라 '소비기한'도 병행 운영해야 현실적이다. 우리나라 또한 현행 '품질유지기한' 제도는 유지하되 이와 함께 '유통기한' 대신 '소비기한'을 도입해 그간의 관리자 · 공급자 중심에서 탈피한 진정한 소비자를 위한 정책을 펴 주기를 바란다.

그리고 우리나라는 유통기한 임박 식품은 물론이고 품질유지기한 임박 식품도 마트에서 반품, 폐기대상이고 푸드뱅크, 복지시설에서조차도 받지 않는다고 한다. 반면 일본에서는 상미기한 임박 식품 전문매장이 큰 인기를 끌고 있다. 식량 자급율이 세상에서 가장 낮은 우리 국민들의 식품에 대한 유통기한, 품질유지기한, 소비기한 관련 대대적인 의식 전환이 필요하다. 소비자단체와 산업계, 정부 모두가 힘을 합쳐 대대적인 캠페인을 벌여야 할 시점인 것 같다.

• 1-6-3 •

아이스크림 유통기한 설정

빙과류(아이스크림)에 대해 유통기한 표기를 의무화하는 법안이 추진된다. 현행법상 아이스크림은 유통기한 의무에서 제외되고 있다. 2016년 7월 18일 더불어민주당 김해영 의원(정무위)에 따르면 유통기한 표시 대상에서 제외됐던 빙과류를 유통기한 표시 대상으로 지정해 소비자의 안전한 소비를 보장하기 위한 '식품위생법' 일부개정안을 대표 발의했다. 김 의원은 "빙과류 제품이 장기간 유통되면서 변질된 상태로 판매되는 경우가 많다"며 "유통기한을 표시해 안전한 제품을 구입할 수 있도록 보호하는 취지"라고 설명했다.

"빙과류의 안전성 및 신선도에 대해 소비자들의 불만이 지속적으로 제기되고 있고 실제 벌레 · 금속 등 이물질 혼입과 부패 · 변질이 많이 발생한다."는 소비자원의 발표가 있었다. 이에 국회에서 "식중독 위험이 큰 여름철에 소비자들이 보다 위생적이고 안전하게 구입할 수 있도록 현재 유통기한의 표시가 의무화되지 않은 빙과류 제품에 대해서 유통기한을 의무적으로 표시할 계획"이라고 한다.

'유통기한'을 생략할 수 있는 식품은 아이스크림, 빙과류, 설탕, 식용얼음, 껌류(소포장 제품), 소금과 주류(탁주 및 약주 제외) 및 품질유지기한으로 표시하는 식품이 해당된다. 우리나라의 유통기한은 그 날짜까지만 먹을 수 있는 기한이 아니라, 소비자에게 판매가 허용되는 기한을 말한다.

'품질유지기한'은 식품의 수명이 아니라 고유의 품질이 유지될 수 있는 기한을 말하는데, 경과하더라도 판매와 섭취가 가능하다. 보통 저장성과 안전성이 우수하고 부패나 변질 우려가 없고, 소비자가 오래 보관하면서 먹는 식품에 한해서만 표시할 수 있게 한다. 이에는 '잼류, 당류, 음료류(멸균제품), 조미식품(간장, 된장, 고추장 등), 김치 · 절임식품(조림류는 멸균제품), 레토르트식품, 통조림식품 등'이 해당된다.

즉, 아이스크림과 같이 영하 18℃ 냉동보관 제품은 유통기한이 필요가 없다. 냉동상태에서는 물의 이동이 불가능해 미생물이 옴짝달싹 못해 증식하지 못하기 때문이다. 다만, 냉동상태에서 오랜 시간 보관될 경우, 안전성 문제는 없지만 지방이 산패돼 맛과 품질은 변할 수가 있다. 혹시 녹았다 다시 냉동된 흔적이 있거나 맛이 변한 불쾌한 경험이 있다면 철저한 '냉동온도관리'나 '품질유지기한' 설정을 제안해야지 보관관리만 잘 한다면 시간이 아무리 경과해도 안전성에 문제가 없는 식품에는 유통기한을 설정하지는 않는다. 이건 과학적 근거에 의한 것이고 국제적 식품관리 트렌드다. 통조림을 열었는데, 캔에 틈이 생겨 내용물이 썩어 있었다고 가정하자. 그래서 통조림에도 유통기한을 설정하라고 요구하는 것과 같은 맥락이다.

이것은 대표적인 '동문서답(東問西答)식 정책'이다. 문제를 전혀 이해하지 못하고 엉터리 답을 제출한 격인데, 적어도 국회에서는 매사를 사회 · 경제 · 문화 등 전체적 시각에서 거시적으로 보고, 판단해야 한다. 국가의 법과 정책은 사소한 토씨 하나로도 산업과 소비자에 미치는 영향이 일파만파고, 그 경제적 파급효과는 실로 어마어마하다. 소비자의 불평이 있다고 인기와 표를 염두에 두고 언론을 활용해 리콜을 요구하고, 규제하고, 정책을 바꾸거나 새로운 시책을 쏟아내는 게 국회의원의 직분이라고 생각지 않는다. 소비자의 불평불만이 있을 때 그 원인과 대책을 심사숙고하고, 경제 · 사회적 비용과 편익을 충분히 고려한 후 답을 내야 한다. 과연 지금도 국민들이 이런 근시안적이고 인기에 연연하는 정책을 원할 것이라고 생각지는 않는다.

빙과류의 안전성과 신선도 문제, 벌레 · 금속 등 이물질 혼입, 변질은 해동 등 냉동온도 관리 부실이나, 포장 및 보관 관리 부실이 원인이지 유통기한과는 관계가 전혀 없다. 유통기한은 말 그대로 '판매 가능한 날짜'다. 그 기간 내에도 해동되거나 이물질이 혼입될 수도 있고, 이 기간이 경과한 이후에도 냉동 및 보관 관리가 철저하다면 품질과 안전에 문제가 없을 것이다. 즉, 콜드체인과 냉동온도관리상의 문제이고, 철저한 단속과 처벌, 해동 시 폐기 등 안전 관리 매뉴얼 등으로 해결해야 할 문제이지 유통기한 설정은 엉뚱한 대책이다.

기업이 제품 출하 시 아이스크림 유통기한 설정실험을 진행한다 하더라도 영하 18℃ 이하 냉동이 잘 유지된 상황에서는 모든 빙과류의 유통기한이 최소 3~5년, 심지어는 수십 년씩 나올 것으로 예상한다. 빙과류의 유통기한 설정은 위생문제 해결과는 아무 상관이 없고 개별 기업에 부담만 주는 아무 의미 없는 일이라 생각한다.

소비자 입장에서는 빙과류가 녹았던 흔적으로 모양이 변형되거나 맛이 변하고 벌레가 나오면 화가 나 유통기한 설정을 건의할 수 있다. 그러나 국회의원이 이 제안을 받았다면 전문가 자문도 받고 심사숙고해 균형된 정책제안을 해야 한다. 물론 식약처와 같은 전문 행정부에서 정책을 만들 때 다시 한 번 비용과 편익을 분석해 객관적으로 판단하기는 하나, 한번 말을 뱉은 국회의원의 제안을 쉽게 거절하기가 어렵다는 현실적 한계가 있다.

지금 현재 빙과류는 법적으로 '제조일자' 표시를 하도록 돼 있다. 소비자가 표시를 보고 가장 신선하고 최근에 제조된 제품을 구매하면 된다. 우리나라에서 국제적으로 유래가 없는 세계 최초의 아이스크림 유통기한 설정이라는 부끄러운 일이 발생하지 않기를 바란다. 우리나라 식품과학 기술수준 또한 폄하되는 일이 발생할 수도 있어 걱정스럽기만 하다. 대신 해동된 흔적이 있거나 변질된 빙과류 제품이 절대 유통되지 못하도록 콜드체인 중 냉동온도의 철저한 안전관리를 정부에 요구해야 한다.

키워드1-7 진흥(1) 원산지 표기

• 1-7-1 •

원산지에 연연하는 대한민국 소비자, 거품 낀 '국내산'의 가치에 대한 환상

한국소비자원의 조사결과(2018년), 우리 소비자들은 두부를 살 때 콩의 원산지를 가장 많이 고려하고 국산 콩으로 만든 두부가 단백질과 탄수화물 등 영양성분 함량 차이가 거의 없음에도 수입 콩 제품보다 3배가량 더 비싸다고 한다. 그리고 한국영양학회의 한 연구에 따르면 우리 소비자들이 식품을 선택할 때 가장 중요하게 여기는 것은 원산지 표시(36%)였으며, 위생(31%), 품질(20%), 영양표시(6%), 기호도(5%), 가격(2%)이 뒤를 이었다고 한다. 특히, 어패류와 육류의 원산지표시에 가장 큰 관심을 갖고 있고, 식당에서 메뉴를 선택할 때 원산지 표시를 고려한다는 소비자가 약 90%에 달했다고 한다.

우리 소비자들이 식품을 선택할 때 가장 중요하게 여기는 것은 '원산지 표시'라고 한다. 특히 원산지를 중시하는 식품 품목은 어패류(45.5%)와 육류(41.5%)였다. 2011년 발생했던 일본 후쿠시마 원전 폭발과 쇠고기에서 광우병, 대장균 O157검출, 유럽 발 말고기 스캔들 등 수산물과 육류에서 발생한 사고들이 큰 역할을 했을 것이다. 또한 중국 등 위생관리 취약국들로부터 수입된 저가 불량식품들이 언론에 수없이 등장해 수입식품에 대한 불신을 유발시킨 것도 큰 원인이었을 것이다.

게다가 우리나라 국민들이 갖고 있는 '국내산'에 대한 환상도 한몫했다고 본다, 우리 소비자들은 전 세계 어느 나라 국민들보다 국내산을 선호하고 찬양한다. 물론 좋은 일이다. 그러나 애국심이나 환경보호, 신선한 로컬푸드를 생각하며 국내산을 구매한다면 좋았을 텐데 "국내산은 수입산 보다 품질과 영양, 안전성 등 모든 면에서 뛰어난 고품질 식품"이라는 착각으로 구매를 하고 있다는 것이 문제다. 또한 1986년 우루과이라운드(UR) 협상에 따른 수입식품의 자유화와 함께 우리 농업을 보호하기 위해 정부가 앞장서 벌였던 '신토불이(身土不二)운동'도 소비자들을 부추겼다고 본다.

이러한 연유로 우리나라는 전 세계에서 원산지 속임수가 가장 많은 나라다. 해가 거듭될수록 줄어들 기미조차 보이지 않는다. 2016년 기준 원산지 표시대상 26만2천 업소 중 2,905개소가 '원산지 거짓표시'를 했다고 하는데, 그 중 약 3분의 1인 1,022개소가 중국산을 국내산으로 둔갑시킨 것이라고 한다. 중국산뿐 아니라 유독 우리나라에서는 외국서 온 모든 수입식품이 홀대받는다. 오죽하면 국내산으로 원산지를 속인 부적합 사례가 이렇게 많겠는가?

6 · 25 한국전쟁 직후 국내 식품 산업도 태동하기 전이라 먹을 것이 늘 부족했던 시절엔 미제(美製), 일제(日製) 등 외국산 구호 식품과 수입식품이 더 인기가 있었다. 그런데 요즘은 위생 취약국은 말할 것도 없고 우리보다 위생관리가 엄격하고 고품질인 선진국 제품조차도 우리나라에만 들어오면 유독 힘을 쓰지 못한다.

중국산이나 저개발 국가를 두둔하는 건 아니지만 우리나라에서 가장 가까운 웨이하이(威海)와 칭다오(青島)가 위치한 중국 산둥(山東)성 지역은 농사가 잘돼 쌀, 고추, 배추, 대추, 깨 등 농수축산물이 풍부하다. 가격에 따라 품질도 천차만별인데, 상질(上質)의 제품은 오히려 국내산 일반제품보다 훨씬 좋다고 한다. 그간 우리나라 수입상들이 중국에 가서 품질은 고려치 않고 저가 제품만 수입해 오다 보니 중국산 하면 저질, 싸구려, 식당용이라는 오명이 붙게 된 것이다.

'가격(價格)'과 '가치(價値)'는 엄연히 다르다. 즉, 국내산이 귀하고 비싸다고 해서 품질(品質) 즉, 질(質)적 가치가 높다고 볼 수는 없다. 계약 재배해 좋은 땅에 좋은 물로 엄격히 관리해 우리나라로 들여온 중국산이 농약을 마구 뿌리며, 오염된 용수로 재배한 우리 농산물보다 더 좋을 수도 있다는 말이다.

우리 소비자들은 더 이상 우물 안의 개구리처럼 '국내산'에 대한 집착을 버리고 원산지에 연연하지 않았으면 한다. 중국에서 왔든, 미국에서 왔든, 우리 땅에서 나왔든 '품질 좋고, 위생적이고, 맛있는 식품이 좋은 식품'이다. 국내산을 구매할 여력이 있는 소비자는 당연히 국내산을 사 주길 바란다. 그러나 로컬푸드의 신선함, 탄소저감화 등 환경보호, 애국심 등으로 구매해야지 수입산 대비 무조건 안전하고 고품질이라는 생각으로 구매해서는 상실감만 갖게 될 것이다.

• 1-7-2 •

국산과 국내산, 원산지표시 제대로 알기

얼마 전 채소를 사려고 마트에 갔던 한 소비자는 상추에는 '국내산', 깻잎에는 '국산'이라고 표시돼 있어 이 두 단어가 다른 뜻이 있는지 헷갈렸다고 한다. 게다가 한 TV 프로그램에서도 '국산'과 '국내산'이 다른 것처럼 말해 소비자는 더욱 혼란에 빠졌다. 이 프로에서는 "국산은 국내에서 생산된 재료로, 우리나라에서 만든 것", "국내산은 수입 재료를 갖고 국내에서 제조한 것과 수입해서 한국에서 일정기간 이상 키운 것"이라고 구분했다. 즉, "우리 땅에서 난 배추와 고춧가루로만 만든 김치가 국산 김치"이고, "중국산 배추를 사용해 우리 양념으로 우리 땅에서 포장해 만든 것은 국내산 김치"라는 것이다.

이런 인터넷에서 떠도는 '국산/국내산'구분은 근거가 없고 객관적 정의도 아니다. 많은 사람들이 인터넷에 떠도는 미검증 정보를 여과 없이 퍼 나른 것으로 보인다. 사실상 '국산'과 '국내산'은 법적으로 동일하며, 차이가 없다. '원산지 표기'에 관한 사항은 「농수산물의 원산지 표시에 관한 법률」로 관리하고 있는데, '국산'과 '국내산'을 동일한 개념으로 보고 있다. 즉, '국내산 쌀'과 '국산 쌀'은 같은 것이다.

'원산지'는 법적으로 농산물이나 수산물이 생산 · 채취 · 포획된 국가 · 지역이나 해역으로 정의된다. 원산지의 표시기준(제5조 제1항 관련)에서는 우리나라에서 생산된 농산물을 국산이나 국내산 또는 그 농산물을 생산 · 채취 · 사육한 지역명을 표시토록 하고 있어 '국산'과 '국내산'을 다르게 구분치 않는다. 법적으로는 농산물은 동일 작물, 동일 품종이라도 재배지역, 기후, 토질, 재배방법, 시기 등에 따라 그 품질이 달라진다고 보기 때문에 생산지 개념인 '원산지' 표시를 중요하게 생각하고 있다. 이천쌀, 나주배, 인삼(중국산), 쇠고기(미국산) 등이 원산지 표시의 사례다.

수산물도 마찬가지로 '국산', '국내산', '연근해산'을 같은 개념으로 표시한다. 가공품 또한 원료의 산지 · 가공방법 등에 따라 품질의 차이가 있을 수 있다고 보고 원산지 표시를 적용하고 있는데, '중국산 배추와 국내산 양념으로 만든 김치'를 국내에서 제조한 경우 '국내산 배추김치(배추 중국산)'로 표시하고 원료는 '배추(중국산)', '고춧가루(국산 또는 국내산)'로 표시한다.

그러나 축산물과 수산물의 '국산/국내산'의 개념은 땅에서 나는 농산물과는 좀 다르다. 원산지는 '국내산(국산)' 또는 '수입'으로 기재하는데, 국내산(국산) 쇠고기의 경우, 수입 소가 우리나라에 들어온 지 6개월이 경과돼 도축된 쇠고기는 '국내산(국산)' 표기가 가능하다. 이는 농식품부 고시 '수입 생우 사후관리 요령'에 따른 것인데, 호주에서 태어나 자란 소를 수입해 국내에서 6개월 이상 사육해 도축했다면 '소갈비 국내산(육우, 호주산)'으로 표시한다는 것이다. 수입한 돼지와 닭은 국내에서 각각 2개월, 1개월 이상 사육한 경우에 '국내산(국산)' 표시가 가능하다. 물론 괄호 안에 수입국가명을 함께 표시해야 해 삼겹살 국내산(돼지, 덴마크산), 삼계탕 국내산(닭, 프랑스산) 등으로 표시된다.

수산물의 경우에는 외국산이 국내로 이식된 후 미꾸라지는 3개월, 흰다리새우와 해만가리비는 4개월, 기타 어패류는 6개월 이상 양식하면 '국산(이식산) 또는 국내산(이식산)'으로 표시가 가능하다. 물론 그 기간 이내로 양식된 경우에는 수입국을 원산지로 표시해야 된다. 현재 시중에 극동산 실뱀장어가 수입돼 6개월 이상 양식된 후 '국내산(국산)'으로 표시돼 팔리고 있다.

사실 법적으로는 시판 중인 식품에 표시되는 '국내산'과 '국산'은 같은 말인데, 이 두 단어를 누군가가 자의적으로 해석해 인터넷에 올리고 또 퍼 나르고, 방송도 이들을 여과 없이 활용하는 바람에 엉터리 정보가 떠돌고 있는 것이라 생각된다. 출처 없는 인터넷 정보는 반드시 검증이 필요하다는 것을 새삼 느끼게 된다.

농산물은 씨가 어디서 왔든 우리나라 땅에서 재배되면 국산 또는 국내산이 된다. 그러나 가축이나 어패류는 우리나라 토종이거나 외국산(외국 품종)을 들여와 국내에서 일정 기간 키우면 국내산(국산)으로 표시가 가능하니, 잘 알아 둬 앞으로는 국산이니 국내산이니 헷갈리지 않았으면 한다.

전 세계에서 가장 애국심이 강해 국내산을 선호하고 지갑을 아낌없이 여는 우리 소비자의 성향을 이용하는 악덕 상인들이 많다고 본다. 수입한 소를 국내에서 6개월 이상 사육한 후 '국내산'으로 표시하되, 괄호 안에 표시해야 할 '식육의 종류 및 수입국가명'을 빠뜨리면 순수 국내산으로 둔갑하게 되기 때문이다. 이 경우, 7년 이하 징역이나 1억 원 이하 벌금 병과가 가능한 '허위표시'가 아니라 단순 실수로 봐, 과태료 1천만 원 이하 처분인 '미표시'로 처분이 내려진다고 한다. 실제 집행된 대부분의 사례가 '1백만 원 이하'의 경미한 과태료 처분을 받아 솜방망이 처벌이 원산지 표시 관련 편법을 더욱 부추기고 있는 게 아닌지 걱정스럽기만 하다.

• 1-7-3 •

환원유(전지분유) 사용에 대한 득(得)과 실(失)

원유 함량이 20~30%에 불과해 논란이 일었던 '환원유' 제품의 생산이 중단되거나 원료가 수입분유에서 국산분유로 바뀐다. 한국낙농육우협회는 2016년 4월 21일 수입 분유로 환원유 제품을 생산 · 판매하는 업체에 해당 제품 생산 · 판매 중지를 요청하는 공문을 보냈다고 한다. 2016년 5월 4일 삼양식품은 최근 문제가 된 환원유 제품인 '후레쉬우유' 생산과 유통을 중단하기로 했다고 한다. 후레쉬우유는 환원유 80%로 구성됐는데 '우유'라는 이름을 쓰고 있고, 제품 포장도 일반 시유와 다를 바가 없어 소비자 혼란을 일으킨다는 지적이 있었다. 푸르밀 또한 낙농협회의 요청을 수용해 환원유 사용 시 수입분유 대신 국산분유를 사용키로 했다고 한다.

우유류의 축산물가공 기준상 정의를 살펴보면, "원유 또는 원유에 비타민이나 무기질을 강화하여 살균 또는 멸균 처리한 것이거나, 살균 또는 멸균 후 유산균, 비타민, 무기질을 무균적으로 첨가한 것 또는 유가공품으로 원유 성분과 유사하게 환원한 것을 살균 또는 멸균 처리한 것"으로 돼 있다. 즉, '환원유'는 우유를 건조시켜 분말인 분유 상태로 만들었다가 필요 시 다시 물에 녹이고 약간의 유지방을 첨가해 액상의 우유로 환원해 만든 제품이다.

환원유는 일반적인 흰 우유보다는 과일 맛 가공우유나 요거트에 많이 활용되는데, 신선유를 쓰던 환원유를 쓰던 '가공우유'라 표시되므로 신선유를 사용하는 프리미엄제품 판매자 입장에서는 억울한 면이 있다. 그러나 S우유 1리터들이 한 팩의 가격은 대략 2,500원 수준인데, 푸르밀의 환원유 밀크플러스 900㎖는 1,600원 정도라 서민들에겐 고마운 제품이기도 하다.

환원유 제조사는 원유보다 값이 싼 분유 특히, 수입분유를 사용해 생산할 경우, 저렴한 가격, 신선유와는 달리 상온보관이 가능하고 저장 공간 또한 질약되며, 오래 보관할 수 있다는 장점이 있어 선호한다. 생유는 쉽게 부패하고, 냉장 보관해야 하며, 수명이 짧아 신속하게 처리해야 하는 문제와 고비용의 단점이 있어 불편함이 있다.

환원유의 판매중단이나, 수입산 원유를 국내산으로 바꾸는 것이 최선의 해결책이 아닌데도 불구하고 삼양식품에서는 판매중단을, 푸르밀에서는 수입분유 대신 국내산을 사용키로 했다고 한다. 사실상 자본주의사회에서 문제될 것이 전혀 없는 사안인데, 환원유 출시로 피해를 보는 신선유 제품 판매기업과 국내 낙농산업을 보호하려는 협회에서 문제를 만든 것이라 생각된다.

쟁점은 법 위반이 아니라 소비자가 우유제품 구매 시 신선우유와 환원유를 구분하지 못한다는 것이다. 현재 법상으로는 '가공우유'라고 표기하게 돼 있지만, 신선유인지 환원유인지는 아무도 모른다. 환원유는 제조형태만 다를 뿐이지 영양학적으로나 안전성면에서는 신선유와 같기 때문이다. 물론 맛이나 조직감 등 주관적인 기호는 다를 수가 있다.

신선유 사용자 입장에서는 비싸고 엄격하게 관리, 제조하고도 환원유와 같은 취급을 받아야 한다면 억울할 것이다. 그래서 다 같은 '우유'라고 똑같이 표시해서 판매하면 안 된다고 주장하는 것이다. 소비자 입장에서는 국내산이든 수입산이든 품질 좋고, 안전하면 그만이다. 그렇지만 문제는 가격이다.

궁극적인 해결책은 환원유, 수입분유를 시장에서 퇴출할 게 아니라 정확한 '표시(Food labeling)'를 하는 것이라 생각한다. 이번 시장의 해결책으로 나온 S사 환원유 판매 중지와 국내산 분유 사용은 생산자의 이익을 대변한 것으로 소비자에게는 무조건 손해다. 소비자에게 이익이 되는 방향은 환원유, 수입산을 허용하면서 표시제도를 개선하는 것이다. 환원유인지 신선유인지, 국내산인지 수입산인지 소비자가 알고 구매하게 하면 되고, 가격도 원가에 연동해 다양하게 책정하면 된다. 소비자는 주머니 사정에 따라 환원유 제품을 구매하든 신선유 제품을 구매하든 판단하면 그만이다.

이번 사태는 우리 생산자단체가 가공식품 제조 기업에 압력을 행사한 것이라 생각된다. 정부, 소비자 · 시민단체가 생산자 단체를 견제해 줘야 하는데, 우리 농축산민은 늘 약자이고 보호대상이라 생각해 생산자가 관련된 문제라면 눈을 질끈 감는다. 만만한 제조업체, 유통업체만 두들기고 죄인으로 만든다.

도시 노동자, 지식인, 제조업자보다 농어민, 생산자가 더 부자(富者)고 형평에 맞지 않는 과도한 혜택도 누리고 있다. 세상은 더 이상 식량부족의 시대가 아니며, 돈만 주면 식량을 팔지 않을 나라도 세상에 없다고 생각한다. 새마을운동의 시대가 아닌 현재, 생산자에 대한 사회적 시각과 정책 패러다임도 바뀌어야 한다. 기업인, 소비자가 변하고 있듯이 생산자도 변해야만 한다.

키워드1-8 진흥(2) - 신산업

• 1-8-1 •

공유주방 등 식품산업의 규제 샌드박스

'공유주방(共有廚房, Sharing kitchen)'은 2018년 10월 글로벌 모빌리티 플랫폼 차량 공유업체 우버의 창업자 트래비스 캘러닉이 뛰어들어 2019년 내에 클라우드 키친 2호점을 한국에 오픈한다고 밝히면서 주목받기 시작했다. 한국 공유주방 시장의 가능성이 세계적으로 공인된 셈이라 열기가 뜨겁다. 게다가 식약처에서도 규제가 신산업 성장의 걸림돌이 되지 않도록 하겠다는 의지를 보이며, 규제(規制) 샌드박스의 대표 비즈니스 모델로 공유주방을 선택해 타는 불에 기름을 부었다.

모바일 IT 대중화 시대에 편승해 전 세계적으로 '공유(共有)'를 모델로 하는 사업의 인기가 하늘을 찌른다. 특히 '공간(空間)'의 공유는 숙박, 사무실을 넘어 주방으로까지 확장되고 있고 자동차 등 다양한 물품을 함께 쓰는 공유경제가 그야말로 대세다.

특히나 공유주방은 공유사무실처럼 저렴한 비용으로 누구나 음식점을 창업할 수 있게 해 창업 진입장벽을 낮춤으로서 일자리 창출 효과까지 기대할 수 있어 공익적 성격의 새로운 공유경제 모델로 주목받고 있다. 그 운영방식은 키친 인큐베이터, 가정간편식(HMR) 생산을 위한 공유주방, 주방 공유를 넘어 배달 플랫폼을 연결한 클라우드 키친모델까지 아주 다양하다.

이 공유주방 사업은 막대한 임대료를 감당하기 어려운 사람들이 요리 실력만으로도 창업에 뛰어들 수 있도록 해 음식산업에 새로운 패러다임을 가져다 줄 것이다. 우리나라에는 약 75만 개의 음식점이 있는데, 이 중 10% 정도인 7만5천 개가 배달음식점이라고 한다. 공유주방 한 개 지점에 10개 정도의 음식점이 입점한다고 가정하면 한국에는 7,500개의 공유주방 지점이 필요하다는 계산이다. 장기적으로 개인 창업보다 경제적이고 효율적인 공유주방의 시장 성장 가능성이 예견될 수밖에 없다.

2016년 설립된 '심플프로젝트컴퍼니(SPC)'는 토종 공유주방 1호 '위쿡'을 운영하는 스타트업인데, 최근 롯데로부터 투자를 유치해 오픈 이노베이션에 박차를 가하는 중이다. '클라우드 키친'은 우버 창업자 캘러닉이 운영하는 공유주방의 대표 브랜드인데 소비자가 아닌 기존 외식사업자를 수요자로 하는 기업 간 거래(B2B) 사업형태다. '심플키친'은 국내에서 클라우드 키친모델을 처음으로 선보였으며, "조리만 할 수 있다면, 누구든 나만의 매장을 가질 수 있다"는 캐치프레이즈를 내건 '먼슬리키친'도 신개념 플랫폼이다. 딜리버리 전문 공유주방 '키친서울'이 운영하는 '오픈더테이블'도 RTC(Ready-to-Cook), RTH(Ready-to-Heat)까지 라인업을 늘리고 있다.

최근 문재인 정부에서 규제개혁 방안 중 하나로 채택한 것이 '규제(規制) 샌드박스'다. 이 제도는 영국의 핀테크(FinTech)산업 육성을 위해 처음 시작됐다. 영국의 테크시티에는 페이스북, 구글, 맥킨지 등 글로벌 IT 및 컨설팅 업체와 함께 금융과 기술을 융합한 약 5,000개 이상의 핀테크 스타트업들이 입주해 새로운 비즈니스 모델의 메카가 되었다.

규제 샌드박스는 어린이들이 자유롭게 뛰노는 모래 놀이터처럼 규제가 없는 환경을 주고 그 속에서 다양한 아이디어를 마음껏 펼칠 수 있도록 한다고 해서 '샌드박스(sandbox)'라고 부른다. 신기술이나 새로운 비즈니스 모델, 서비스가 국민의 생명과 안전을 위협하지 않을 경우 기존 법령이나 규제에도 불구하고, 실증(실증특례) 또는 시장 출시(임시허가)할 수 있도록 지원하는 것을 말하며 이를 통해 신산업 분야의 제품 출시를 앞당기고 글로벌 시장을 선점한다는 취지다.

최근 식약처도 이 규제 샌드박스의 도입으로 열기가 뜨거운데, 우선을 공유주방을 지목했다. 현재 「식품위생법」은 음식점 등 영업자의 위생안전 책임을 강화하기 위해 "한 장소(주방 등)에 한 명의 사업자만 인정하고 있어 동일한 장소에서 둘 이상의 영업자가 영업신고를 할 수 없다." 그간 공유주방이 책임 소재 등 위생과 안전관리에 문제가 있을 것이라는 편견으로 규제해 오던 식약처가 오히려 전문적이고 체계적 위생관리가 가능할 수도 있다는 개방적 마인드로 바뀐 것이다.

더군다나 공유주방과 같은 신산업 모델과 스타트업의 활성화를 위해 규제를 적극적으로 완화한다니 반가울 따름이다. 4차 산업혁명, 5G시대 자유 시장 경제체제 하에서 당연하고 바람직한 방향이기 때문이다. 그동안 정부의 식품안전 규제가 식품시장의 진화 속도를 전혀 따라오지 못해 노심초사해 왔던 산업역군들에겐 지금 안전 당국의 역동적이고 스피디한 횡보가 무척 반갑고 고마울 것이다.

• 1-8-2 •

푸드트럭 규제 개혁방안

서울시는 2016년 2월 23일 박원순 시장 주재로 '푸드트럭 활성화를 위한 공개 규제 법정(공청회)'을 열고 의견을 수렴했다. '푸드트럭'은 개조를 통해 음식점 · 제과점 영업을 하는 작은 트럭이다. 서울에선 현재 서서울호수공원과 대공원, 잠실운동장, 서강대, 건국대, 예술의 전당 등 14대가 합법적으로 운영되고 있다. 공청회는 ▲서울시 푸드트럭 규제개혁방안 발표 ▲찬반토론 ▲배심원(전문가) 의견발표 순서로 진행됐으며, 배심원으로 김진철 서울시의원과 김용직 법무법인 KCL 대표변호사, 김동열 현대경제연구원 정책조사실장, 황동언 민관합동규제개선추진단 투자환경개선팀장, 하상도 중앙대 식품공학부 교수 등이 참여한다. 시는 이날 논의한 내용과 아이디어를 현재 조례개정을 추진 중인 '서울시 음식판매자동차 영업장소 지정 및 관리 등에 관한 조례(안)'에 반영한다는 계획이다.

서울특별시에서 '푸드트럭 활성화 공개규제법정'을 개최한다니 반가운 일이 아닐 수 없다. 푸드트럭은 국가별 전통식품과 특별메뉴를 중심으로 한 전 세계적인 관광 상품이며, 식품외식산업의 돌파구인 신산업군임에는 틀림없다.

합법화된 푸드트럭의 허용과 규제를 풀어 활성화하자는 서울시의 취지와 조례(안)에는 원칙적으로 찬성한다. 1,000개의 청년트럭을 지정하겠다는 목표를 제시했다. 그러나 푸드트럭의 식품외식산업 활성화에 대한 기여는 신규 창출이어야지 기존 음식점 등 사업장의 밥그릇을 가로채거나 이들에 손해를 줘서는 안 된다는 전제하에 다음과 같은 세부방안 마련을 제안한다.

첫째, 영업자의 기준이다. 장애인, 국가유공자 중 저소득층이 생계형 직업을 원하는 경우 허용하고 실명제로 등록하며, 영업 양도의 금지에 동의한다. 또한 프랜차이즈화를 금지해야 할 것이다. 그러나 청년 창업의 경우, 일장일단이 있어 신중히 접근해야 한다. 푸드트럭은 소자본 창업이 가능해 단기에는 청년실업을 해결하는 것처럼 보이지만, 일반적으로 음식업의 십중팔구가 2~3년 내에 문을 닫는다고 한다. 이 사업이 시행되고 수년 후 폐업한 푸드트럭 청년실업자가 속출할 경우, 때를 놓쳐 신규 취업이 어렵게 돼 오히려 더 많은 실업자를 양산하는 악순환의 단초가 될 수도 있다. 보여 주기식 행정으로 많은 수를 지정만 하는 것이 능사가 아니라 청년 푸드트럭 운영자의 성공 지원 전략과 실패 시 출구전략을 동시에 마련해 놓아야 한다.

둘째, 영업장소의 지정이다. 도시 미관을 해치지 않고, 자동차와 보행자의 통행에 불편을 주지 않는 장소, 식음료 판매업체가 없거나 기존 매장에 피해를 주지 않는 장소 등을 지정하는 것이다. 장소를 지정할 경우 영업시간을 따로 정할 필요가 없다.

셋째, 영업시간의 지정이다. 기존 매장 부근이나 같은 품목을 판매하는 경우에 해당하는데 식음료 판매업체가 문을 닫는 시간을 이용해야 할 것이다. 일본 후쿠오카에서는 길거리 식품의 경우, 판매시설의 위치와 영업시간을 제한하고 있다.

넷째, 판매 음식의 지정이다. 기존 영업장의 제품과 경쟁하지 않는 특화된 메뉴, 날것으로 먹는 음식 판매 금지, 데우는 정도의 조리식품에만 한정 등 위생상 문제가 없는 식품으로 한정해야 한다. 세계적 관광 상품인 로드푸드 대부분은 단순가온식품(핫도그), 냉장 캔 음료, 스낵 등만을 허용하고 있으며, 일본에서는 생선회나 익히지 않은 식품판매를 금하고 있다.

다섯째, 철저한 안전관리다. 선진국에서는 길거리 노점상, 이동 차량에서 식품 취급을 허가제로 운영하며, 위생적 취급, 위생교육 이수 등에 관한 규정을 제시하고 있어 우리나라도 판매자 위생교육 필증, 시군구청 위생점검 필증 부착 의무화가 필요할 것이다.

이외에도 우리나라에서는 약 20만~100만 명이 길거리 음식업에 종사하고 있다. 서울시에서 추산한 서울시내 노점 수는 9,395개(2010년 기준)라고 하는데, 유형별로는 좌판이 절반을 차지하고 있고, 손수레가 약 20%, 포장마차와 차량이 각각 10%씩을 차지하고 있다. 품목별로는 음식조리가 약 40%를 차지한다고 한다.

그래서 '푸드트럭' 문제 해결 시 현재 무질서하게 관리의 사각지대에 놓여 있는 '길거리음식'과 함께 처리해야 할 것을 제안한다. 푸드트럭을 또 하나의 길거리음식이 아닌 관광산업과 연계해 주로 외국인 관광객들에게 우리나라를 알리는 애국산업으로 자리매김해 주는 것도 활성화의 대안이라 생각한다.

키워드1-9 진흥(3) - 중소기업 적합업종제

• 1-9-1 •

중소기업 적합업종제의 식품산업에 대한 영향

동반성장위원회를 통한 정부 주도의 '대 · 중소기업 상생협력' 추진은 명분이 있어 대중의 지지를 받고 있다. 그러나 식품산업부문에 있어 중소기업 적합업종제도가 원래 취지와 달리 수요 감소와 국산 농식품 소비 위축으로 이어지고 있어, 대기업과 중소기업, 유관기관 및 농업계를 포괄하는 새로운 네트워크시스템 구축이 필요하다는 의견이 제기됐다. 아울러 동반성장위원회 내에 식품산업 부문의 별도 실무위원회를 설치하고 식품 중소기업 DB 구축을 통한 상생협력, 대 · 중소기업 해외 동반진출을 위한 협력강화가 이뤄져야 한다는 주장도 나왔다.

'중소기업(중기)적합업종'을 선정한 것은 자본주의 시장논리에서 벗어난 다소 인위적인 조치라 볼 수 있어 부작용이 곳곳에서 나타나고 있다. 특히, 중기적합업종 지정품목을 보면 유독 식품이 많이 포함돼 있다.

중기적합 72개 품목 중 39%가 식품이며, 순대, 떡볶이, 어묵, 두부, 식빵, 막걸리, 도시락 등 품목 수만 해도 28개에 이른다. 거론되는 품목만 봐도 쉽게 알 수 있듯이 여타 산업군에 비해 중소업체의 비중이 매우 높다. 상황이 이렇다 보니 제도를 통해 다소 부자연스럽게 대기업의 진출을 막고, 중소기업이 살아갈 수 있는 인위적 환경을 마련할 수밖에 없었던 사정은 이해가 된다. 하지만 중기적합업종 지정이 산업 생태계 전체를 아우르기보다는 시장 갈등 상황을 해소하는 데 초점이 맞춰져 있다 보니 소비자의 안전은 후순위로 밀려 있다는데 아쉬움이 있다.

이러한 측면에서 중기적합업종 지정 등 동반성장 규제는 현 정부에서 강력하게 추진하는 4대 악의 하나인 불량식품 근절의 희생양이 될 가능성이 높다. 사실 현 식품산업의 중기적합업종은 위생적 측면에서 가장 위험한 식품군이지만 현실적으로 우리나라 중소기업의 위생시스템은 매우 열악한 상황이다. 즉, 최첨단 위생시설과 시스템을 갖춘 대기업을 제외한 중소기업에서는 상대적으로 불량식품이 나올 가능성이 높다는 것이다.

식품사건이 발생하거나 불량식품을 만들다 적발돼 가혹한 행정제재, 강제리콜, 형사고발 등에 직면하면 하루 밤새에 문을 닫을 수도 있다. 위생시스템을 제대로 갖추지 못한 소상공인들은 언제 어디서 사고가 터질지 몰라 하루하루 노심초사하며 살아가고 있을 것이다. 이전에 발생했던 대형 식품사고 중 '불량만두사건', '골뱅이 포르말린사건' 등의 경우, 중소기업이 주로 생산했던 품목이었다. 그러나 사고 발생 후 대부분의 중소기업이 도산해 인수한 대기업 품목의 시장이 돼 버렸다. 이렇듯 식품산업의 역사와 특이성을 고려해 대기업과 중기의 역할을 충분히 검토하면서 중기적합업종을 선정했어야 했다.

이러한 시장의 자연스런 흐름에 역행하는 인위적 대 · 중기 동반성장은 부작용도 있다. 두부의 경우 2011년 중기적합업종 지정 후 수요 감소로 인해 국내 대두 농가의 피해가 크다고 한다. 대기업에서 두부산업 규모를 더 키워 수

출산업화했어야 원료생산자, 유통 등 전반적으로 산업이 더욱 활성화됐을 것인데, 중기적합업종으로 지정되는 바람에 더 이상 시장이 성장하지 못하고 구매량이 축소됐기 때문이다.

이래 갖고는 네슬레, 코카콜라, 맥도날드 같은 글로벌 식품회사가 우리나라에서 나올 리가 만무하다. 정부는 성장과 복지, 두 마리 토끼를 모두 얻으려는 이중적 태도를 버리고 큰 것을 얻으면 작은 것을 내어줘야 한다는 삶의 이치대로 영세한 중소기업을 살리고 대기업과 국가 경제를 키워 나갈 상생의 방법론을 다시 한 번 재검토해야 한다고 생각한다.

• 1-9-2 •

두부, 장류 생계형 적합업종 지정으로 인한 식품산업 성장 둔화 우려

'두부'와 간장, 된장, 고추장, 청국장 등 '장류' 사업을 하고 있는 대기업과 중견기업은 앞으로 관련 사업을 확장할 수 없게 된다. 2019년 12월 16일, 18일 양일간 개최된 생계형 적합업종심의위원회에서 「생계형적합업종법」에 따라 이들 5가지 품목이 첫 생계형 적합업종으로 지정됐다. 이에 따라 내년 1월 1일부터 5년간 두부와 장류 시장에는 대기업의 인수, 개시 또는 확장이 원칙적으로 금지되며, 이를 위반할 경우 2년 이하 징역 또는 1억 5천만 원 이하의 벌금을 물게 되고 동시에 이행강제금(위반 매출의 5% 이내)도 부과된다고 한다.

2018년 기준 국내 장류시장은 7,929억 원 규모이며, 이 중 80%를 대기업이 차지하고 있다고 한다. 정부는 두부시장 또한 5,463억 원 규모로 대기업이 76%를 점유하고 있어 그야말로 이들 시장을 대기업이 장악하고 있다고 판단했다. 이들 업종들에 대한 생계형 적합업종 지정은 소상공인 사업영역을 보호하겠다는 정부의 강력한 의지 표명이라 생각된다.

그러나 다행히도 관련 신기술, 신제품 개발과 해외수출에 대한 부정적 영향을 최소화하면서 소상공인들의 사업영역을 보호할 수 있도록 하기 위해 일부 예외를 두긴 했다. 수출용 제품과 혼합장 · 소스류, 가공두부 등은 업종 범위에서 제외했고, 대기업이 주로 진출한 프리미엄급 소형제품도 허용한다고 한다. 아울러 두부의 경우 국내 농가를 고려해 국산 콩으로 제조되는 제품에 대해서도 생산 · 판매를 제한하지 않는다고 한다.

그러나 '중기적합 업종', '생계형 적합업종'이라는 사업군은 이 세상 어디에도 없는 포퓰리즘적 용어다. 누구나 생계형으로 창업했다 하더라도 햄버거, 김밥, 떡볶이, 초콜릿, 사탕, 과자, 음료로도 전 세계를 주름잡을 수 있고 네슬레, 맥도날드, 코카콜라 같은 글로벌 대기업도 될 수가 있어야 한다. 과거 동반성장위원회를 통한 '중기적합업종' 지정(상생법)과 일맥상통하는 개념이다. 지난 8년을 돌이켜 보면 중기 적합업종으로 지정된 업종은 대기업과 중소기업이 동반성장 한 게 아니라 '동반 하락' 했다고 생각된다.

이 제도는 국가 전체의 경쟁력과 성장을 목표로 하는 것이 아니라 다수의 영세한 소상공인들, 즉 약자를 보호해 주기 위한 일종의 복지제도다. 다소 부자연스럽지만 규제를 통해 대기업의 진출을 막고, 소상공인들이 살아갈 수 있는 인위적 환경을 마련할 수밖에 없었던 정부의 사정은 이해가 된다. 하지만 대중을 의식한 정치인들이 주도해 추진하다 보니 국가 전체의 산업 경쟁력을 확보하는 데는 오히려 걸림돌이 되고 있다.

이 제도는 당연히 자본주의 시장 논리에서 벗어난 인위적 특별조치다. 앞으로 부작용이 속출할 것이고 국가 산업 전반의 글로벌 경쟁력을 상실해 우리 후손이 더 큰 대가를 치를 것임에 틀림없다. 과연 이 제도로 누가 이익을 보고 누가 손해를 보게 될지를 생각해 봤다. 국내 대기업들은 당연히 손해다. 게다가 소비자도 손해라 본다. 제품의 선택권이 제한돼 상대적으로 품질이 낮은 영세업체 제품만을 선택해야 하고 식품의 경우, 상대적으로 안전성 측면에서 부실해질 가능성이 높다. 사실 생계형 적합업종으로 선정된 식품은 대부분 위생적으로 위험한 식품군들이다. 그러나 우리나라 중소기업, 특히 생계형으로 사업을 하는 업체들의 위생시스템은 매우 열악해 부정 · 불량식품이 나올 가능성이 농후하다.

영세업체가 안전문제로 행정처분, 리콜, 형사고발 등에 직면하면 하루아침에 문을 닫을 수도 있다. 또한, 영세업체의 독점을 보장해 줄 경우 생산성이 떨어져 대량 생산하던 대기업에 비해 가격이 인상될 가능성이 높다. 만약 가격을 올리지 못하면 인력을 감축하거나 저가의 수입산 원료를 사용할 수밖에 없을 것이다.

이번에 결정된 두부, 장류의 '생계형 적합업종' 지정으로 앞으로 우리 정부는 국가적으로 엄청난 대가를 치러야 할 것이다. 물론 예외를 두긴 했으나 이 제도로는 우리나라 식품업계에서 초대형 글로벌 기업이 나올 가능성이 희박할 것이라 생각된다.

2

식품 안전 이슈

향후 글로벌 식품산업 환경을 전망해 보면, 식량 증산을 위한 꾸준한 위해 가능물질의 사용과 산업의 지속적 발전에 따른 환경오염으로 식품안전의 위협요인이 지속적으로 증가될 것이다. 유전자재조합식품(GMO), 유전자가위기술, 나노식품, 새로운 첨가물 등 신(新)식품의 지속적인 개발과 상품화로 식품으로 인한 위해환경 노출 가능성도 더욱 커질 것이다. 농수축산물의 증산을 위한 농약, 항생물질 등 인체 위해가능 물질의 의도적 사용이 늘어날 것이고 산업 발달에 따른 중금속, 다이옥신, PCBs 등 산업 오염물질로 인한 토양 및 수질오염으로 식품원료의 오염 가능성도 커질 것이다. 게다가 대량 생산 및 유통을 위한 식품첨가물의 사용이 늘어나고 영세한 식품제조업소 종사자들의 위생 · 안전 의식수준 및 전문성이 미흡해 언제든 글로벌 대형 식품안전 사고 발생이 우려되는 상황이다. 또한 바이러스 등 전 세계적 생물학적 위험의 유행이 창궐하게 될 것이다.

어느 한 나라에서 발생한 위험의 발생이 순식간에 지구 전체로 확산돼 더 이상 남의 집 불구경이 아닌 시대가 되었다. 최근 미국발 맥주와 와인에서 제초제 글리포세이트가 검출된 사건이 있었는데, 순식간에 전 세계로 확산돼 소비자들의 우려와 함께 맥주 소비가 급감한 적이 있었다. 또한 2011년 일본 후쿠시마 제1원전이 폭발하면서 인근 국가 바다의 방사능 오염 우려와 함께 수산물 소비 감소로 이어져 전 세계적으로 수산물 시장이 타격을 받았다. 2017년 살충제 계란 광풍 또한 벨기에와 네덜란드, 독일 등 유럽에서 시작돼 우리나라를 포함한 전 세계로 급속히 확산된 경우였다.

불과 20년 전까지만 해도 우리나라의 식품안전 문제는 대부분 농약, 중금속 등 화학적 위해에 의한 것이었다. 1950년대 2차 대전 종전이후 부족한 식량 탓에 무분별한 농약의 사용으로 온 강토가 오염돼 농산물에 잔류하는 화학물질의 안전성이 주된 골칫거리였다. 그러나 1990년 이후부터 농약, 중금속 등 안전관리가 성공적으로 진행되며 토양과 물로부터 기인된 곰팡이, 병원성 세균, 바이러스 등 생물학적 위해가 떠오르기 시작했다. 2003년 사스, 2014년, 2018년의 에볼라, 2016년 지카 바이러스, 2012년부터 시작된 사우디아라비아의 메르스 사건, 최근 조류독감(AI), 아프리카 돼지열병, 우한폐렴 코로나 바이러스 등 당분간 바이러스 등 생물학적 위해가 인류를 괴롭힐 것이다.

키워드2-1 수입식품

• 2-1-1 •

글로벌 식품환경 변화 전망과 식품안전 이슈

경제 및 생활수준의 향상으로 소비자는 안전(安全)을 넘어 안심(安心) 식품을 요구하고 있고, 식품안전에 대한 국가책임도 강조되고 있다. 식품안전은 식품분야에만 국한된 지엽적 문제가 아닌 범국가적 국가 안보(安保)와도 직결되는 중요한 문제라 전 세계적으로 최우선 국정과제로 삼고 있다. 일례로 영국에서는 1996년 광우병 사건으로 보수당 정권이 붕괴됐으며, 우리나라도 2010년 미국산 쇠고기 광우병 파동시 촛불시위로 국가적 위기에 이른 적도 있었다.

식품산업은 전 세계적으로 가장 빠르게 성장하는 산업 군이다. 특히 중국을 위시한 아시아 시장의 급성장이 돋보이며, 국내 식품산업도 최근 10년 사이 그야말로 폭발적인 성장을 이뤘다. 최근 요리방송(쿡방)의 인기로 산업 이미지 상승, 패밀리 레스토랑, 급식 등 외식과의 융합, 건강기능식품과 배달업의 부상, 패스트푸드와 HMR(가정식대체품)의 수요 증가로 성장에 날개를 달았다.

국제무역기구(WTO) 출범에 따른 수출입 등 식품교역의 지속적 증대, 교통의 발달로 지구 전체가 하나의 국가처럼 가까워졌다. 어느 한 나라에서 발생한 생물학적, 화학적 위해 발생이 순식간에 지구 전체로 확산돼 더 이상 남의 집 불구경이 아닌 시대가 되었다. 식량농업기구(FAO)와 세계보건기구

(WHO)가 공동으로 국제식품 규격을 조화시키기 위해 1962년에 국제식품 규격위원회(Codex Alimentarius Commission)가 출범한 데에는 다 이유가 있다. 또한 5G시대를 맞이해 SNS 등 정보 전달 매체의 발달과 함께 식품안전 이슈의 글로벌 확산과 사고의 대형화가 지속될 것이다.

최근 미국 발 맥주와 와인에서 제초제 글리포세이트가 검출된 사건이 있었는데, 순식간에 전 세계로 확산돼 우리나라에서도 떠들썩한 이슈가 됐으며, 소비자들의 우려와 함께 맥주 소비도 급감했다. 또한 2011년 3월 11일 대규모 쓰나미의 여파로 일본 후쿠시마 제1원전이 폭발하면서 인공방사능 물질인 세슘, 요오드, 스트론튬, 플루토늄, 제논 등 방사능 물질이 바다로 유출됐다. 인근 국가 바다의 방사능 오염 우려와 함께 모든 수산물의 소비 감소로 이어져 전 세계적 수산물 시장이 타격을 받았다. 2017년 살충제 계란 광풍 또한 벨기에와 네덜란드, 독일 등 유럽에서 시작돼 전 세계로 급속히 확산된 경우다.

향후 글로벌 식품산업 환경을 전망해 보면, 식량 증산을 위한 위해 가능물질의 사용과 산업의 지속적 발전에 따른 환경오염으로 식품의 안전 위협요인이 지속적으로 증가될 것이다. 유전자재조합식품(GMO), 유전자가위기술, 나노식품, 새로운 첨가물 등 신(新) 식품의 지속적인 개발과 상품화로 식품으로 인한 위해환경 노출 가능성도 더욱 커질 것이다. 농수축산물의 증산을 위한 농약, 항생물질 등 인체 위해가능 물질의 의도적 사용이 지속적으로 늘어날 것이고 산업 발달에 따른 중금속, 다이옥신, PCBs 등 산업 오염물질로 인한 토양 및 수질오염으로 식품원료의 오염 가능성도 커질 것이다. 게다가 대량 생산 및 유통을 위한 식품첨가물의 사용이 늘어나고 식품제조업소 종사자들의 식품위생·안전 의식수준 및 전문성이 미흡해 언제든 글로벌 대형 식품 안전 사고 발생이 우려되는 상황이다.

최근 발생률이 높아진 세균, 바이러스 등 생물학적 위해는 농수축산물 등 원료 유래 또는 사람에게서 교차 오염되므로 완전 예방이 불가능하다. 지금 이 순간에도 아프리카돼지열병이나 병원성 대장균 등 생물학적 위해는 미국, EU, 일본 등 안전관리 최고 선진국에서도 발생하고 있어 언제든 국경을 넘을 수가 있다는 것을 늘 염두에 두고 대비해야 한다. 이러한 식품의 안전을 위협하는 위해요소의 관리가 엄격하게 시행되어야 하고 과학적 안전관리시스템도 철저히 활용돼야 한다. 특히, 식품에 대해서는 그간 화학적 위해에 집중됐던 안전관리 인프라를 생물학적 위해관리로 상당 부분 전환해야 한다. 특히 생산·제조업체에서는 효과적인 살균, 저감화 기술을 반드시 도입해야 하며 유통업체도 콜드체인, 이력추적, 과학적 감시시스템 도입이 필요하다.

그리고 국가별 표시제도가 다양하게 운영 중인데, 특히 유전자재조합(GM) 식품의 경우 비의도적 혼입허용비율, 非단백질식품 표시 면제 등 국가별로 전략적으로 표시제도를 운영 중이라 우리도 이에 대비해야 한다. 식품안전은 사람의 생명과 직결되므로 규제가 가장 중요해 정부의 식품위생행정이 식품안전 확보에 가장 큰 영향을 끼치는 것이 사실이다. 그러나 식품 생산·유통업체의 노력과 윤리의식, 소비자의 단결과 실천이 더해져야만 한다. 앞으로 우리나라 식품 안전관리의 기본방향을 '안전 규제의 지속적 강화', '식품안전의 수혜 대상을 생산자가 아닌 소비자로 인식하는 행정', '식품 안전관리를 생산 · 수출국이 아닌 수입국 입장으로 인식'에 두어야 한다. 무엇보다도 법(法)보다 더 무서운 식품안전 확보 수단은 '능동적이고 적극적인 소비자의 행동'이다. 생산 · 공급자가 가장 무서워하는 사람은 단속경찰이나 공무원이 아니라 바로 구매자인 '소비자'이기 때문이다.

• 2-1-2 •

WTO 체제에서의 국제무역과 식품안전

무역에 대한 각국의 정책은 본능적으로 보호무역적 성향을 띈다. 국제무역 시 각 국가들이 차별 받지 않아야 한다는 '최혜국원칙(Most Favored Nation, MFN)'으로 참여한 모든 국가에게 차별 없이 무역에서 동등한 지위를 보장하고자 하는 협약이 1947년 체결된 GATT(General Agreement on Tariffs and Trade), 즉 '관세와 무역에 관한 일반협정'이다.
그러나 GATT가 국제무역의 단편적인 문제만 취급해 세계 경제의 전반적인 상황을 제대로 대변하지 못했던 한계를 극복하기 위해 1986년 9월 우루과이 라운드(UR)가 공식 출범했고, 125개 협상 참가국이 국제무역 질서를 보다 효과적으로 유지하기 위해 세계무역기구(World Trade Organization, WTO)를 신설했다.

국제무역은 당사국과 교역 상대국의 부를 동시에 증가시키기 때문에 발전해 왔으나, 무역에 대한 각국의 정책은 본능적으로 보호무역적 성향을 띈다. 특히, 1차 세계대전 후 세계 경제는 자국 산업의 보호를 위해 경쟁적으로 수입품에 대해 보호무역장벽을 높여 왔다. 이렇게 모든 국가들이 자국 산업만을 보호한 결과, 국가 간 교역이 감소해 1930년대에 전 세계적인 대공황이 발생하게 되었다.

특히 2차 세계대전에서 유일하게 전쟁의 피해를 받지 않은 미국은 자유로운 해외 수출을 위하여 국제무역 질서 재편의 필요성을 느껴 미국 주도하에 '관세와 무역에 관한 일반협정'(General Agreement on Tariffs and Trade, GATT)을 1947년에 체결하였다.

GATT는 관세, 보조금, 수입할당 등 보호무역장벽을 철폐함으로써 국제무역을 자유화하기 위한 다자간협정이다. GATT의 근본정신은 국가들이 차별을 받지 않는다는 '최혜국원칙(Most Favored Nation, MFN)'인데, 참여한 모든 국가에게 차별 없이 무역에서 동등한 지위를 보장한다는 것이다.

즉, GATT의 일반원칙은 '자유무역주의, 무차별주의, 다자주의'에 근거하고 있다. 자유무역이란 국가 간 자유로운 교역을 의미하며, 무차별주의는 한 국가가 보호무역의 수단을 사용할 때 모든 국가에 대하여 차별 없이 시행돼야 함을 의미한다. 다자주의란 무역문제에 있어 국가 간 분쟁과 마찰 발생 시 분쟁 당사국 사이에서 해결할 것이 아니라 다자간의 차원에서 해결돼야 함을 의미한다.

그러나 GATT는 '긴급수입제한조치(safeguards)'를 두어 각국 정부가 자국의 산업이 수입으로 인한 피해를 막기 위하여 잠정적으로 수입을 규제할 수 있는 권한을 부여했다. 이 긴급수입제한조치 규정을 각 나라들이 전략적으로 활용하고 있는데, 그중에서도 미국이 가장 적극적으로 잘 활용하고 있다. 우리나라에 대한 굴과 팽이버섯 수입 금지 조치가 그 예라 하겠으며, 우리나라 역시도 최근 방사능에 오염된 일본산 수산물에 대해 긴급수입제한조치를 취한 바 있다.

무역 분쟁에 있어 GATT의 규칙을 위반한 것으로 판정된 국가는 WTO의 중재안을 의무적으로 받아들여야 하는데, 불공정행위를 수정하거나 이에 대한 손해배상을 해야 하며, 미 이행 시 WTO의 무역제재를 받는다.

GATT가 국제무역의 단편적인 문제만 취급해 세계 경제의 전반적인 상황을 제대로 반영하지 못했던 한계를 극복하기 위해 1986년 9월 우루과이라운드(UR)가 공식 출범했고, 125개 협상 참가국이 국제무역질서를 보다 효과적으로 유지하기 위해 WTO를 신설했다.

이러한 배경으로 최근 우리 정부의 일본산 수산물 수입제한의 타당성 여부에 대한 WTO의 중재위원회가 구성됐고, 법리공방이 시작된 것이다. 패널위원들은 양국의 서면입장서와 구두 심리 등을 통해 향후 6개월간 패널 보고서를 만들어 WTO 사무국에 제출하게 되며, 협정 위반 판단에 따라 당사국에 대한 향후 권고 · 결정에 대한 이행계획이 수립된다.

• 2-1-3 •

수입식품과 식품안전

2017년 우리나라 수입식품 규모가 전년보다 7% 증가한 약 28조 원(250억 8772만 달러)으로 조사됐다. 수입국은 총 168개국이며, 미국이 약 20%를 차지한 54.3억 달러로 가장 컸으며, 다음이 중국(41.9억 달러), 호주(25.7억 달러), 베트남(11.9억 달러), 러시아(9.4억 달러) 순이었다. 수입 금액으로는 쇠고기(24.6억 달러), 돼지고기(16.4억 달러), 정제 · 가공용 식품원료(15.6억 달러), 대두(6.1억 달러), 밀(5.5억 달러) 순이다. 주요 국가별 수입 품목으로는 미국이 쇠고기와 돼지고기, 중국은 스테인리스 · 폴리프로필렌 재질의 기구류와 쌀, 호주는 쇠고기와 식품원료, 베트남은 냉동새우와 주꾸미, 러시아는 냉동명태와 옥수수가 주로 수입된다.

유독 우리나라에서는 외국서 수입돼 온 식품이 홀대받는다. 오죽하면 국내산으로 원산지를 거짓 표시한 사례가 전 세계 유래 없이 많겠는가? 지난해 농식품의 원산지 거짓표시, 미표시 등 원산지표시 위반업체는 3,951곳에 달했고, 돼지고기(26%), 배추김치(25%), 쇠고기(12%), 콩(5%), 닭고기(4%) 순으로 높게 발생했다고 한다. 중국산을 국산으로 둔갑시킨 것이 셋 중 하나(33%)로 가장 많고, 다음이 미국산을 국산으로(9%), 멕시코산을 국산으로(4%), 호주산을 국산으로(3%) 둔갑시켰다고 한다.

이런 일은 일반음식점(56%)과 식육판매점(12%)에서 주로 발생한다는데, 결국 배 이상의 큰 가격차가 이런 문제를 부추긴 거다. 오히려 중국에서는 자국 산이 홀대받고 수입산이 대우받는데도 말이다.

이 같은 원산지 속임수가 끊임없이 발생하는 이유는 '국내산=안전', '국내산

=프리미엄'이라는 맹목적 사고가 소비자들에게 오랫동안 뿌리 깊게 박혀 있어 국내산을 선호하기 때문이다.

사실 60여 년 전 한국전쟁 직후 우리나라 산업 환경이 열악하고 먹을 게 부족했던 시기엔 미제, 일제 등 잘사는 나라의 구호식품과 수입식품이 더 인기가 있었을 것이다. 그런데 요즘은 어떻게 된 일인지 우리보다 위생관리가 엄격하고 품질도 우수한 선진국 제품조차도 우리나라에만 들어오면 유독 힘을 쓰지 못한다.

이 현상은 1986년 우루과이라운드(UR) 협상에 따른 해외 농수축산물과 가공식품의 수입 자유화와 함께 세계무역기구(WTO) 체제에서 경쟁력이 약한 우리나라 농업과 식품산업을 보호하기 위해 정부가 앞장서 벌였던 무조건적인 신토불이(身土不二)와 로컬푸드 소비 확대 정책이 원인이라 생각된다.

사실 식품의 '가격(價格)'과 '가치(價値)'는 엄연히 다르다. 즉, 국내산이 희소하고 비싸다고 해서 품질(品質) 즉, 질(質)적 가치가 높다고 볼 수는 없다. 중국 현지에서 계약 재배해 좋은 땅에 좋은 물로 엄격히 관리돼 우리나라로 들여온 중국산은 농약을 마구 뿌리며, 지저분한 용수에 비료 없이 나쁜 시기에 수확한 우리 농산물보다 더 좋을 수도 있다는 것이다. 물론 우리나라에도 엄격히 관리된 고품질의 식품이 많이 있긴 하지만 품질이 낮은 제품도 많다는 이야기다.

지금은 인공지능(AI)의 시대에 3D프린터로 만든 식품이 유통되고, 대형

마트의 식물공장에서 농산물을 구매하며, 해외직구로 외국 제품이 하루 만에 배달되는 시대다. 식품의 가치는 '원산지'가 만드는 게 아니라 '식품 고유의 안전성과 품질'이 결정한다.

최근 조사에서 우리 국민의 식품 안전 체감도는 85% 수준이나, 수입식품에 대한 안전 체감도는 58%로 미흡해 국민들이 느끼는 수입식품의 불안감을 느끼게 해 준다. 그러나 「수입식품안전관리특별법」이 시행된 지 벌써 2년이 지났고, 작년의 수입식품 부적합율이 0.2%도 안 될 정도로 안전이 확보된 걸 보면 이젠 더 이상 수입식품에 색안경을 끼고 불안해하고 차별할 필요는 없다고 생각한다.

우리 소비자들은 더 이상 우물 안의 개구리처럼 원산지에 집착하지 말고, 중국에서 왔든, 미국에서 왔든, 우리 땅에서 나왔든 '품질 좋고, 위생적이고, 맛있는 식품'이 좋은 식품이라는 선진적 마인드를 가졌으면 한다.

• 2-1-4 •

수입 대두분 사용 '저급두부' 논란

한국연식품협동조합연합회(이하 연합회)와 관련 업체가 수입 대두분 사용 '저가 두부' 흠집 내기에 나서고 있다. 아마 가격 경쟁력 때문에 손해를 보기 때문일 것이다. 수입 대두분은 3%로 수입산 대두보다 관세가 낮아(TRQ 물량 5%, 직접 구매 487%) 가격이 저렴하기 때문에 재래시장에서 서민들에게 인기가 높다. 연합회는 수입산 대두분은 산패 속도가 빨라 식품 안전을 위해 진공포장, 진공 후 질소 충전을 하거나 냉장 · 유통 · 보관하도록 규정돼 있으나 잘 지켜지지 않고 있어 수입 대두분으로는 두부 제조를 금지하도록 '식품의 기준 및 규격' 관련 규정 개정을 요구했다고 한다.

연합회의 주장의 근거는 "수입 대두분으로 만들어진 두부는 맛과 탄력이 떨어지고 냄새가 나는 등 품질이 나빠 소비자의 안전과 식생활에 악영향을 초래할 경우가 많다"는 것과 "대두분은 세척하지 않은 대두를 가루로 가공해 비위생적으로 처리되고 있어 문제가 심각하다"는 것이다.

사실 제품의 '품질(品質)'은 '안전(安全)'을 포함하는 넓은 개념이긴 하나, 협의적으로 해석하면 품질과 안전은 다르게 볼 수도 있다. 안전하지 않으면 상품, 즉 식품이 아니라 아예 판매할 수가 없다. 식품과 그 원료가 어디서 왔느냐와 질적인 우수성은 제품의 품질 즉, 가치(價値)와 관련돼 있고 소비자가 판단할 문제이지 판매를 못 하게 할 문제는 아니다. 정부는 안전기준을 정해 팔 수 있는지 없는지를 구분해 국민들의 생명과 건강을 확보하고, 표시에 의한 알 권리를 보장하면 된다. 또한 품질이 낮다고 해서 안전기준을 충족한 제품의 수입 금지, 원료로의 사용 금지는 논의할 가치도 없을 뿐 아니라 이는 국제 WTO 규정에 따라야 하는 룰이므로 우리 정부가 자체적으로 결정할 수 있는 일도 아니다.

천일염의 예를 들면, 우리나라 개펄이 오염돼 불순물과 유해물질 우려 때문에 45년간 식용 불가능한 광물로 분류됐었다. 그러나 2008년 3월부터 정부가 천일염의 안전기준과 중금속 규격을 설정하면서부터 다시 식품으로 인정받게 됐다. 즉, 식품이 되는 안전기준만 지킨다면 정부는 허용할 수밖에 없다. 원재료가 어디서 왔든 품질이 어떻든 시장에서 결정될 일이다.

물론 질 낮은 수입 대두분으로 만든 두부가 시장을 장악해 소비자의 불만이 늘어난다면 저급두부가 두부산업 전체 이미지를 악화시켜 프리미엄급 두부를 생산하는 업체에 피해가 돌아갈 가능성이 우려된다는 주장은 이해가 간다. 그러나 어떤 식품이든 프리미엄만 시장에 존재한다면 그 피해는 결국 소비자에게 간다. 가격이 올라가기 때문이다. 이것은 GMO식품을 아예 금지시키자는 논리와 같다. GMO를 금지시키면 소비자의 안전성 논란을 잠재워 안심을 이끌 수는 있겠지만 원가 상승에 의한 식품가격 상승으로 소비자들의 경제적 피해도 감수해야만 한다.

유독 우리나라에서만 수입식품이 차별받는다. 그러나 오히려 수입식품이 프리미엄으로 인정받는 나라들도 많다. 한때 우리나라가 가난했던 시절엔 미제, 일제 등 수입산이 더 각광받았었다. 그러나 요즘은 역전돼 국내산이 가장 프리미엄으로 대우받는다. 오죽하면 국내산으로 원산지를 거짓표시한 부적합 사례가 전 세계에서 가장 많겠는가? 이런 현상은 1986년 우루과이라운드

(UR) 협상에 따른 해외 농수축산물과 가공식품의 수입 자유화와 함께 세계무역기구(WTO) 체제에서 경쟁력이 약한 우리나라 농업과 식품산업을 보호하기 위해 정부가 앞장서 벌였던 신토불이(身土不二), 로컬푸드 확산운동이 그 원인이라 생각된다. 수입 대두분 자체의 문제가 아니라 우리나라 식품 수입상들이 품질보다는 가격만 보고 저질 제품들을 수입해 오다 보니 이런 인식이 자리매김하게 된 것이다.

자유 시장경제 체제하에서 가장 바람직한 상황은 규정된 최소한의 안전성을 확보한 식품은 시장에서 판매할 수 있어야 한다. 다만 품질과 가격차가 있으므로 표시제도를 잘 운영해 소비자가 알고 판단해 구매토록 하면 된다. 호주머니 사정이 빠듯하면 비록 품질은 떨어지지만 안전한 저가 두부를 구매하면 되고 상대적으로 여유 있을 때는 고가의 프리미엄 두부를 구매하면 된다. 소비자는 선택하고, 정부는 법으로 시장질서만 잘 유지하면 된다. 이것이 시장이다.

• 2-2-1 •

우리나라 식품의 방사능 안전관리체계와 소비자 인식

우리 정부는 현재 일본산 수입수산물에 대해 후쿠시마 등 8개 현 49개 품목에 대해 수입을 금지하는 '임시특별조치'를 취하고 있다. 일본산 수산물에 대한 방사능 기준을 국제기준인 세슘 1,000Bq/kg보다 10배 엄격한 수준(100Bq/kg 이하)으로 관리하고 있다. 그리고 일본산 식품에서 방사능이 기준치 이하라도 검출되면 추가 검사증명서를 요구하고 있다. 이에 대한 반발로 일본은 우리를 WTO(세계무역기구) 중재위원회에 제소해 현재 우리가 패소한 상황이다. 물론 올 2월 우리 정부의 즉각적인 항소가 있었지만 우리에게 유리한 최종결과가 나올 것 같지는 않은 어려운 상황에 처해 있다.

이런 노력에도 불구하고 우리 정부의 조치가 우리 국민들 눈높이에는 여전히 부족해 보이는 것 같다. 얼마 전 한 정당에서 실시한 설문조사 결과, 우리 국민 97%가 일본산 수산물의 방사능 오염가능성을 불안해하고 있고, 71%가 일본산 수입식품이 건강을 해칠 가능성이 크다고 생각합니다. 또한 우리 정부의 수산물 안전대책에 대해서는 93%가 부적절하다고 큰 불만을 표시했다고 한다. 이후 조사된 한국소비자연맹의 소비자인식에서도 우리 국민의 90%가 일본산 수산물을 구매하지 않겠다고 답했다고 한다.

2018년 11월 8일 식약처 주최, 시민 · 소비자단체가 참여한 정책토론회가 있었다. 우리 정부의 식품 방사능 안전관리 대책을 진단하고 분석해 개선하기 위함이었다. 사실 식품 방사능의 실제 리스크는 소비자가 인식하는 것보다 훨씬 더 작다는 것이 중론이다.

지난 2011년 3월 12일 발생한 일본 후쿠시마 원전폭발은 우리가 체감하는 것에 비해 실제 그 규모가 다른 사고들과 비교해 그리 큰 편은 아니다. 이는 1986년 구 소련연방의 체르노빌 원전사고보다 4배 작은 규모이고, 1950~1993 동안 전 세계 핵무기실험으로 방출된 방사능세슘(137)보다는 15배 작고, 1950~1997 동안 전 세계 원자력발전소 배출량보다는 2.5배나 작은 규모라고 한다. 그리고 식품 중 설정된 '세슘 검출상한치 100Bq/kg'은 병원에서 인체촬영용 CT를 한번 찍을 때 노출되는 선량과 비교하면 극히 미미한 수준이다. 즉, CT 한 번 촬영으로 노출되는 세슘량은 기준치인 100Bq 수준으로 오염된 식품 10kg을 100년간 매일 먹을 때 노출되는 양과 같기 때문이다.

일본 원전사고로부터 유발된 우리나라 식품의 방사능 안전문제를 슬기롭게 해결하기 위해서는 우리 정부와 소비자, 업계 모두의 노력이 필요하다. 우리가 글로벌 국제 교역의 시대에 살고 있고 우리도 수출하는 나라라 WTO의 룰을 지켜야 하기 때문이다. 정부의 입장은 국민만을 생각하는 소비자단체나 국회의원들과는 다르다. 정부는 국민의 건강과 안전을 지키는 범위 내에서 실리와 국익도 함께 챙기는 '전략적 선택'을 해야 하기 때문이다.

정부의 임무는 일본산 수입수산물 통관 시 안전성 검사와 원산지 표시(food label) 관리를 철저히 해 소비자가 구매 시 선택할 수 있는 여건을 만들어 주는 것이다. 또한 WTO 권고조치와는 별개로 우리가 할 수 있는 모든 대책을 실행해야 한다.

첫째, 통합위해평가와 통합위해관리체계 구축이다. 소비자는 식품을 통한 방사능 뿐 아니라 공기, 물 등 환경으로부터 유발되는 모든 원인들을 두려워하고 있고 이들을 한꺼번에 해결해 주기를 바란다. 둘째, 그동안 해 오던 위해정보전달 전략의 대대적인 수정 · 보완이 필요하다. 일본 후쿠시마 원전 폭발 후 지난 7년 반 동안 줄기차게 해 오던 정부의 커뮤니케이션 노력에도 불구하고 소비자들의 식품 방사능에 대한 인식이 전혀 개선되지 않았기 때문이다. 셋째, 정부의 신뢰도 회복이다. 소비자가 정부의 말을 믿지 않는 것도 큰 원인이다. 넷째, 우리나라의 방사능 안전관리는 원전사고 발생까지도 염두에 두고 대비해야 한다. 우리나라의 원전은 현재 23개가 가동 중이고, 5개가 건설 중이라 지진 위험이 커지고 있는 우리나라에서도 언제든 원전사고가 발생할 수 있기 때문이다. 다섯째, 일본 정부를 상대로 한 적극적 대응이 필요하다. 우리가 수입국이라 갑이다. 일본 내 오염수 방류 현황, 식품 방사능 오염 모니터링 자료 등을 줄기차게 요구해야 한다. 여섯째, 원산지 제도의 보완이다. 일본 수입식품에 한해 일본산이라는 국가 원산지 표시에 현까지 표시토록 하는 제도 보완도 생각해 볼 필요가 있다.

소비자는 정부를 믿고 시판되는 모든 수산물에 대한 불안감을 없앴으면 한다. 그리고 구매 시 원산지 표시를 확인해 일본산 수산물을 스스로 판단하면 된다. 소비자가 구매하지 않는다면 자연스레 사업자도 수입하지 않을 거라 정부의 일본산 수산물 수입 허용 여부가 실제 시장과 소비자의 식생활에 큰 영향을 주지 않을 수도 있다.

• 2-2-2 •

방사능 허용치 초과 일본산 수산물 유통 문제

2016년 12월 6일 국회에서 열린 '국민다소비수산물 방사능분석 결과 일본의 WTO 제소 대응 토론회'에서는 안전한 수산물 먹거리 보장을 요구하고 정부의 대처에 대한 평가를 했다. 그리고 지난 3년간 시중 유통 중인 수산물의 방사능 오염실태 조사 결과, 16종 수산물 405개 시료 중 세슘(CS-137)의 검출빈도가 숭어(18.8%), 명태(12.1%), 가쓰오부시(11.1%) 순으로 높게 나타났다고 발표했다. 국가별로 살펴보면 러시아산이 12.2%(13건)로 가장 많았으며 그다음이 일본산(11.1%), 노르웨이산(5.9%), 국내산(3.4%), 미국산(3.2%) 순이었다고 한다.

지금으로부터 약 5~6년 전인 2011년 3월 11일, 일본에서는 쓰나미의 여파로 후쿠시마 제1원전이 다음날 폭발했다. 사고 직후 인공방사능 물질인 세슘, 요오드, 스트론튬, 플루토늄, 제논 등 총 31개 핵종의 유출이 시작됐다. 사고 5일 후 일본 후생성은 반감기 1년 이상인 세슘(Cs), 스트론튬, 플로토늄, 루테늄을 규제 대상 핵종으로 정했다. 약 1년 후인 2012년 4월 1일에는 "건강에 미치는 영향이 없다고 평가된 연간 인체허용선량"을 5mSv에서 CODEX 지표인 1mSv로 낮추고 방사성세슘 기준을 '음료수 10, 우유 50, 유아식 50, 일반식품 100Bq/kg'로 재설정해 지금까지 유지해 오고 있다.

최근 한 정당에서 실시한 설문조사 결과, 우리 국민의 97%는 일본산 수산물이 방사능에 오염됐을 가능성에 불안해하고 있고, 71%가 일본산 수입식품이 국민의 건강을 해칠 가능성이 크다고 생각했다.

과량의 방사능 물질에 노출된 수산물을 섭취할 경우 구토, 탈모 등과 같은 신체적 이상이나 급성방사선증후군 등 급성독성이 나타날 수 있다. 일부 학자는 방사능에는 안전한 수치가 없고 정부가 관리를 위해 임의로 만든 수치일 뿐이라고 한다. 기준치 이하라도 방사능물질을 반복적으로 섭취한다면 암 발생 가능성이 점점 높아지는 것이라고 한다. 그러나 대부분의 학자들은 자연방사선이나 CT 등 의료용 방사능 노출에 비하면 수산물을 통해 먹는 방사능 물질의 양은 "거의 방사능 노출의 위험이 없어 무시해도 좋다"는 것이 중론이다.

사실 '후쿠시마 원전 폭발사고'는 우리와 인접한 국가라 소지자가 체감하기엔 역대급 최대 규모의 사고로 생각되는데, 실제 그 규모는 이전에 발생한 사고들과 비교해 그리 큰 편은 아니다. 1950~1993년 동안 전 세계 핵무기 실험으로 방출된 방사능세슘(137)이 948PBq, 1986년 체르노빌 원전사고로 70PBq, 1950~1997년 동안 전 세계 원자력발전소에서 42PBq, 2011년 후쿠시마 원전폭발로 17PBq이 방출됐다고 한다. 게다가 바닷가 원전이라 주로 오염수가 해수로 방출되는데, 바다는 조류가 있어 순식간에 희석시켜 주고 해수어는 담수어와는 달리 방사성세슘을 칼륨과 같은 다른 염류처럼 자연적으로 몸 밖으로 배출해 거의 체내에 축적되지 않는 특성이 있다고 한다.

또한 현재 일본산 수산물 방사능기준을 '세슘 100Bq/kg 이하, 요오드 300Bq/kg 이하'로 엄격히 관리하고 있는데, 이는 국제기준인 1,000Bq/kg보다 10배 낮고, 미국(1200Bq/kg)과 EU(500Bq/kg) 기준보다도 엄격하다.

우리 정부는 WTO/SPS 협정문 제5.7조에 근거해 2013년 9월부터 국민의 안전과 생명보호를 위해 '후쿠시마 포함 8개 현 수산물 전면 수입 금지 임시 특별조치'를 취했다. 과학적 근거를 마련해 이 조치를 연장하고자 민간전문가위원회를 구성하는 등 적극적 논리를 마련하는 중에 있다. 그러나 2015년 9월 일본이 우리나라의 임시조치가 과학적 근거가 없다는 이유로 WTO에 제소하는 바람에 판단을 기다리고 있는 상태다.

현재 국내 여론은 후쿠시마 주변 8개현에 대한 수산물 원물뿐 아니라 수산 가공품에 대해서도 수입을 중지하라는 것이며, '일본산'을 넘어 '후쿠시마현' 등 현 단위의 원산지까지 표시하라는 것이다.

정부의 피나는 노력이 우리 국민들로부터 인정받기 위해서는 객관적인 과학적 위해성평가는 기본이고, 국제사회에서 규범상 우리 정부가 할 수 있는 것과 할 수 없는 것을 숨김없이 투명하게 공개하고, 소비자의 눈높이에 맞는 리스크 커뮤니케이션, 즉 소통을 해야만 가능할 것이라 생각한다.

· 2-2-3 ·

WTO 방사능 수산물 분쟁 승소에 대한 생각

한국이 일본 후쿠시마(福島)와 주변 8개현 수산물 수입 금지 조치 관련 세계무역기구(WTO) 무역 분쟁에서 역전 승소하자 일본이 충격에 빠졌다고 한다. 4월 11일 WTO 상소기구는 일본이 한국의 후쿠시마 수산물 수입 금지 조치가 '자의적 차별'이라며 제소한 건에 대해 'WTO 협정에 합치하는 규제'라는 상소 판정보고서를 공개했다. 지난해 2월 일본 손을 들어줬던 1심 판정을 뒤집은 것이다. 2심제인 'WTO 위생 · 식물위생협정 분쟁'에서 1심 결과가 뒤집힌 건 이번이 처음이라고 한다.

2011년 3월 11일 쓰나미의 여파로, 일본에서는 후쿠시마 제1원전이 다음날 3월 12일 폭발했다. 사고 직후 인공방사능 물질인 세슘, 요오드, 스트론튬, 플루토늄, 제논 등 총 31개 핵종의 유출이 시작됐다. 사고 5일 후 일본 후생성은 반감기 1년 이상인 세슘(Cs), 스트론튬, 플로토늄, 루테늄을 규제 대상 핵종으로 정했다.

이번 WTO의 결정에 따라 2013년부터 이어져 온 우리나라를 포함한 중국 등 23개국 · 지역의 후쿠시마현 인근 수산물 수입 금지는 계속될 것이다. 후쿠시마 원전사고 직후 일시적으로 54개국 · 지역이 일본산 식품에 대해 수입을 규제했었으나, 수입규제 폐지가 차츰 진행돼 현재는 23개국 · 지역에서만 규제가 계속되고 있다.

미국은 해외 수출을 촉진하기 위해 국제무역 질서를 재편해 '관세와 무역에 관한 일반협정(GATT)'을 1947년 체결했다. 그러나 GATT는 '긴급수입

제한조치(safeguards)'를 두어 잠정적으로 수입을 규제할 수 있는 권한을 부여했다. 이 규정을 각 나라들이 전략적으로 활용하고 있는데, 그중 미국이 가장 적극적이다. 우리나라에 대한 굴 수입 금지 조치가 그 예이며, 우리나라 역시 최근 일본산 방사능 수산물에 대해 긴급수입 제한조치를 취한 바 있다.

우리 정부는 'WTO/SPS 협정문 제5.7조'에 근거해 2013년 9월부터 국민의 안전과 생명 보호를 명분으로 "후쿠시마 인근 8개 현 수산물의 전면 수입 금지 임시 특별조치"를 취했다. 그간 과학적 근거를 마련해 이 조치를 연장하고자 민간전문가위원회를 구성하는 등 적극적 근거와 논리를 마련해 왔다. 일본산 수산물에 대한 방사능 기준을 국제기준인 세슘 1,000Bq/kg보다 10배 엄격한 수준(100Bq/kg 이하)으로 관리하고 있고 방사능이 기준치 이하라도 검출되면 추가 검사 증명서를 요구하고 있다. 이에 대한 반발로 일본은 우리를 WTO 중재위원회에 제소했던 것이다.

앞서 1심은 일반적 위해성평가에 기반한 과학적 식품안전의 원칙에 따라 "수산물 자체가 방사능에 오염되지 않았다면 수출을 금지할 수 없다"고 판결해 일본 손을 들어줬다. 그러나 이번 2심은 소비자의 우려, 비정상적인 사고 등에 의한 심리적 요인 등도 동시에 고려해 이전 과학에만 의존하던 위해성평가보다 폭넓은 요인들을 고려한 통합 식품안전 위해성평가체계를 구축한 것으로 보인다.

지난 2011년 발생한 일본 후쿠시마 원전폭발은 역대 다른 사고들과 비교해 우리가 체감하는 것에 비해 실제 그 규모가 그리 큰 편은 아니다. 1986년

구 소련연방의 체르노빌 원전사고보다 4배 작은 규모이고, 1950~1993년 동안 전 세계 핵무기실험으로 방출된 방사능세슘(137)보다 15배, 1950~1997년 동안 전 세계 원자력발전소의 배출량보다 2.5배 작은 규모다. 그리고 식품 중 설정된 '세슘 검출상한치 100Bq/kg'은 병원에서 인체촬영용 CT를 한 번 찍을 때 노출되는 선량과 비교하면 극히 미미한 수준이다. 즉, CT 한 번 촬영으로 노출되는 세슘량은 기준치인 100Bq 수준으로 오염된 식품 10kg을 100년간 매일 먹을 때 노출되는 양과 같기 때문이다.

이번 WTO 승소는 EU, 중국 등이 일본을 견제하기 위해 우리에게 힘을 실어 준 것도 원인이겠지만 결국 우리나라의 국력 향상이 가장 큰 원동력이라 생각된다. 우리나라를 후쿠시마현 인근 수산물 수입 금지 23개국 · 지역 중 가장 만만하게 보고 우리를 이긴 후 다른 나라들을 압박하려던 일본의 기고만장한 전략에 제동이 걸린 것이다.

우리나라 방사능 수산물 안전문제를 슬기롭게 해결하기 위해서는 우리 정부와 소비자, 업계 모두의 노력이 필요하다. 정부는 국민의 안전을 지키는 범위 내에서 국익을 함께 고려하는 '전략적 선택'을 해야 하는데, 일본산 수입수산물 수입 통관 시 안전성 검사와 원산지 등의 '표시(food label) 관리'를 철저히 해 줘야 한다. 둘째, 위해정보전달 전략의 대대적인 보완이 필요하다. 일본 후쿠시마 원전이 폭발한 뒤 지난 7년 반 동안 줄기차게 해 오던 정부의 커뮤니케이션 노력에도 불구하고 소비자들의 식품 방사능에 대한 인식은 전혀 개선되지 않았기 때문이다. 셋째, 정부의 신뢰 회복이다. 물론 이번 WTO 승소로 국민들의 안심과 식품안전 정부당국에 대한 믿음이 더욱 견고해진 것은 사실이나 앞으로 소비자가 정부의 말을 믿고 따르도록 믿음을 주는 것이 중요하다. 이번 WTO 수산물분쟁 승소에 결정적 역할을 해 준 식약처, 해수부 등 정부 안전당국을 위시한 전문가, 소비자단체 여러분들께 진심으로 감사드린다.

• 2-3-1 •

가짜홍삼제품 유통사건의 시사점

2017년 초 한 건강기능식품기업이 물엿과 캐러멜 색소를 섞은 가짜 홍삼액 제품을 팔아오다 적발됐다. 식약처는 C사가 건강기능식품에 관한 법률 제24조제1항을 위반한 원료로 제품 생산 · 판매한 것으로 확인돼 제품을 회수, 판매중지 조치했다고 밝혔다. 문제가 된 상품은 '6년간 홍삼진액', '스코어업', '쥬아베홍삼', '6년근 홍삼만을'이다. C사는 '6년근 홍삼농축액과 정제수 외에는 아무것도 넣지 않는다'며 100% 홍삼농축액이라 홍보해 왔었다. 검찰 조사 후 홍삼 관련 4개 제품의 "유효성분 함량 허위표시와 첨가물 기준규격 위반" 등으로 해당 제품에 대한 판매중지와 회수조치가 내려진 상황이다.

물엿과 캐러멜색소를 사용한 가짜 홍삼액 판매 사실이 밝혀지면서 또다시 건강기능식품에 대한 소비자 불안이 커지고 있다. 홍삼 자체가 신뢰받는 건기식의 대표제품이고, 곧 다가올 설 선물로 워낙 인기 있던 제품이라 '가짜 홍삼 논란'이 더욱 뜨겁다.

첨가된 캐러멜색소는 홍삼액을 진하게 보여 소비자를 오인, 혼동시킬 수 있어 「식품위생법」에서 사용을 금지하는 첨가물이다. 그러나 물엿은 홍삼농축액 제품에 들어가도 되지만 100% 홍삼인 것처럼 물엿 첨가표시를 하지 않은 게 문제였다. 이렇다 보니 홍삼의 유효성분 함량이 부족하게 돼 허위표시가 된 것이다. 표시된 홍삼 농도보다 적은 양이 들어 있기 때문에 홍삼이 주는 효능 또한 그 양에 비례해 적거나 없게 되는 것이다.

그리고 언급되고 있는 발암 가능물질은 4-메틸이미다졸, 소위 4-MI라고 알려진 물질이다. 예전에 콜라에서 나와 이슈가 됐던 물질인데, 당을 끓여 캐러멜색소를 대량생산할 때 시간과 비용 절감을 위한 암모니아 첨가공정 때문에 생긴다. 지난 번 고기, 가공육을 발암물질로 분류했던 국제암연구소(IARC)에서 바로 이 4-MI를 발암가능물질인 '2B 등급'으로 분류하고 있다. 다행히도 우리나라에는 캐러멜색소 중 4-MI 허용기준이 250ppm으로 정해져 있어 엄격히 관리되고 있어 비록 캐러멜색소가 홍삼제품에 첨가됐다 하더라도 인체에 해를 줄 가능성은 없다고 생각된다.

왜 이런 일이 지속적으로 반복되는지를 생각해 봤다. 결국 불량식품을 판매하다 적발 시 받게 되는 처벌이나 손실에 비해 얻는 이익이 더 크기 때문일 것이다. 우리나라는 법상 처벌기준은 높으나 실제 집행되는 처벌이 약하고 PL법(제조물책임법)이 자리를 잡지 못해 부담해야 할 경제적 대가도 미미해 식품범죄의 유혹을 뿌리치기 어려운 상황이라고 본다. 식품업자가 불량식품을 통한 부당이익의 유혹을 뿌리치도록 하기 위해서는 처벌 수위를 더 높여야 한다. 행정처분, 형사처벌 외에도 부당이익환수 등 금전적 처벌도 크게 지워야 유혹을 이겨 낼 수 있을 것이라 생각한다.

이번 사건은 국내 유통되는 홍삼제품 전체의 문제가 아닌 일부 몰지각한 업자가 일으킨 사건이기 때문에 불량업자를 발본색원해 시장에서 퇴출함으로써 선량한 사업자들의 피해를 최소화하고 홍삼시장의 신뢰를 회복해야 할 것이다. 게다가 완제품 판매업체는 원료 납품업체에 그 책임을 돌리고 있으나, 생명과 직결된 식품사업자라면 원재료 입고시나 완제품 출시 전에 분석 장비를 갖추고 품질과 안전관리를 철저히 했어야 한다. 인삼함량측정, 캐러멜색소, 물엿혼입 등을 판별하는 것이 그리 어려운 분석법이 아니기 때문이다.

일반 소비자가 홍삼 자체도 아니고 음료인 홍삼농축액의 진위여부를 알아내는 건 불가능하다. 정부의 안전관리 능력을 믿고 원료의 원산지, 성분 등 표시를 보고 확인하는 것이 최선이나, 신뢰성 있는 브랜드를 선택하거나 공인인증 마크를 확인하는 것도 좋은 방법이라 생각된다.

• 2-3-2 •

키 크는 건강기능식품으로 유발된 건기 시장의 위기

국내 건강기능식품(건기식) 시장규모는 2012년 1조 7천억 원에서 작년 2017년에는 3조 8천억 원으로 5년 만에 2배 이상 증가했다고 한다. 이는 세계 성장률의 두 배 이상에 달하며, 올해엔 4조 원을 넘을 것으로 예상된다. 건기식 시장은 식품과 의약품 중간쯤 위치해 식품업계와 제약사들이 서로 경쟁하고 있다. 그러나 최근 백수오, 가짜 홍삼 등 신뢰성과 프로바이오틱스 유산균 사망사건 등 안전문제가 불거지며 산업 발전에 위협이 되고 있는 상황이다.

최근까지 무허가 · 가짜 홍삼 원료 사용, 유통기한 경과 원료 사용 건강기능식품, 가짜 백수오 사건, 유산균 건강기능식품 피해 사례 등 수많은 건기식 안전성 논란이 있어 왔다.

이번엔 '키 크는 건강기능식품'이 논란의 중심에 서 있다. 1년 치 가격이 2백만 원 정도인데, 식약처에서 2014년 "어린이 키 성장에 도움을 줄 수 있음"으로 인정받은 원료를 사용한 제품이 도마에 올랐다. 판매업체는 이 제품을 먹이면 일반 아이보다 키가 3.3㎜ 더 자란다는데, 전문가나 의사들 중 효능에 동의하는 사람이 거의 없다는 것이 문제다. 게다가 당시 받은 생리 활성 기능 2등급은 "소수의 임상시험이 있으나 과학적으로 입증됐다고 할 수 없음"에 해당해 과학적으로 입증할 수 없는 것을 정부가 인정해 준 셈이다.

그리고 키가 작은 것과 건강은 무슨 관련이 있나? 키 큰 것이 건강한 것인가? 건강과 키의 관련성도 없음에도 불구하고 건강기능식품 효능에 키 성장이 들어 있는 것 또한 상식적이지 않다. 그리고 사실 먹어서 키가 크면 이건 식품이 아니라 약(藥)이 된다. 성장장애 치료 의약품이다. 불행히도 현대의학에서는 아직도 키 성장을 담보하는 약은 그 어디에도 없다고 한다. 어떻게 보면 키가 커지지 않아야 식품인 셈이다. 그런데, 키가 커질 수도 있고 아닐 수도 있는 것을 정부에서 건강기능식품으로 공식 인정해 주고 있다.

만일 정부로부터 효능을 인정받은 건강기능식품을 소비자가 비싸게 사 먹은 뒤 효능이 없다고 손해배상을 요구하면 제조사와 함께 정부도 책임을 지게 된다. 즉, 인증 때문에 효과를 보지 못한 소비자들의 집단 손해배상 청구 대상은 해당 기업이 아니라 정부가 된다는 이야기다.

일본은 1991년부터 '특정보건용식품'을 허용했고, 우리나라는 2002년에 「건강기능식품에 관한 법률」을 제정해 2004년부터 시행했다. 최근 일본에서는 국가가 아닌 사업자가 식품의 기능과 안전성을 입증하면 건강효과를 제품에 표기할 수 있는 자율적 '기능성표시 식품제도'가 시행되고 있다. 2016년 4월 기준으로 건강보충영양제 135개, 가공식품 144개, 신선식품 3개 등 총 282개 품목이 승인돼 있다고 한다. 미국, 유럽 등 어느 나라도 건강기능식품의 효능을 정부가 직접 인정해 주지 않는 데는 다 이유가 있을 것이다.

건강기능식품시장은 미래형 성장산업이다. 그러나 국내에서는 가짜 사건, 사망 사건 등으로 이미 소비자의 불신이 깊어진 상태다. 그렇지만 포기할 수 없는 시장이라 산업계를 중심으로 신뢰를 회복하고 일본과 같은 시장 중심의 유연한 제도를 벤치마킹해 관련 규제를 하루 빨리 보완한다면 그 성장세를 유지할 수 있으리라 생각한다.

사실 건강기능식품의 경우 시장에 맡겨야 할 부분과 정부가 규제로 관리해야 할 부분이 있다. 물론 그 선에 대한 절대적 기준은 없다. 각 나라별로 정치, 경제, 사회적 여건에 따라 최적화해서 시행하기 때문이다. 그리고 제도 도입 당시 정해졌던 기준선 또한 시대 변화에 따라 바뀌는 것은 당연한 일이다. 우리나라도 그동안 건강기능식품제도를 운영해 오면서 순기능과 역기능 모두 보여 줬다. 무질서했던 건기시장을 바로잡았던 역할도 컸다고 본다. 그러나 이제는 2018년이다. 15년 전의 식품기업 수준도 아니고 시장 환경도 변했다.

건기식의 효능 인정 부분은 시장에 맡기고 정부는 건기식의 안전성만 책임지는 게 바람직해 보인다. 정부도 일이 줄어 효능 인증기관에 대한 감독과 허위 · 과대광고, 표시위반 등에 대한 관리만 하면 되기 때문에 누이 좋고 매부 좋은 상생의 길이 될 수도 있다.

• 2-4-1 •

GMO 연구가 지속돼야 하는 이유

농촌진흥청(이하 농진청)이 2017년 9월 한 시민사회단체와 협약을 통해 유전자변형(GM) 작물 상용화 중단과 작물 개발 사업단 해체를 선언했다. 이후 10월 12일 (사)미래식량자원포럼과 한국 식품 커뮤니케이션 포럼(KOFRUM)은 'GMO 연구 지속 또는 중단'을 주제로 기자간담회를 개최했다. GMO(유전자변형작물) 연구를 당장 중단하면 잃어버린 13년을 맞을 수 있다는 주장이 대세였다. 하나의 GM 작물을 상업화하기 위해서는 약 1억 3,600만 달러의 연구비와 13년의 시간이 소요되기 때문이다.

국가 차원의 GMO 연구는 선택이 아니라 필수다. 국가별 무한경쟁 시대의 미래 성장 먹거리를 포기해서는 안 된다고 생각한다.

GMO 연구 트렌드도 변하고 있는데, 과거 GMO는 식량부족을 극복하기 위해 생산성을 증대시켜 양을 늘리는 게 목표였다. 즉, 제초제 저항성 콩 등 GM(유전자변형, Genetically Modified)작물이 주(主)였는데, 최근의 개발 방향은 질적으로 변모하는 추세다. 영양소와 건강기능성이 강화된 작물, 막강한 능력의 GM미생물, 각종 첨가물과 제약, 화장품에 활용되는 소비자 중심의 GM작물 개발에 연구가 집중되고 있다. 지카바이러스 예방을 위한 GM모기, 호주의 GM파란카네이션, 일본의 GM파란장미와 파란국화, 케냐의

GM안개꽃, 브라질의 바이오에너지 생산 GM나무, 일본의 사람 화분증 완화 GM쌀 등이 대표적인 미래형 GM기술이다.

사실 우리나라 정부의 GM 정책은 이도저도 아닌 애매한 스탠스를 보인다. 13년 동안 막대한 연구비를 쏟아 부어 세계적 기술 수준에 도달했다고 자평하면서도 단 한 건도 허가받아 실용화된 적이 없기 때문이다. 게다가 글로벌 미래 먹거리를 당연히 확보해야 함에도 불구하고, 반대 여론에 밀려 GMO 실용화 연구의 중단을 선언한 것은 너무나 소극적이고 근시안적인 태도다. 사실 시민단체나 국회 입장에서는 GMO의 안전성에 대한 의문을 제기할 수도 있고 연구중단이나 허가 취소를 요구할 수 있다. 그러나 정부는 아니라고 본다.

작물 개발 관련 규제와 산업진흥, 첨단기술 확보 정책을 수립할 때는 국가 간의 역학관계나 비용과 편익 등을 따져 최소한의 안전성을 확보하는 범위 내에서 국익을 챙기는 '전략적 선택'을 해야 한다고 본다. 농진청의 이번 선언은 실망스럽기 짝이 없다. 국내 생산자나 시민단체의 눈치만 살폈지 국가의 장래에 대한 걱정은 없는 것 같다.

우리나라에서 개발돼 허가된 GMO가 없으니 당연히 수출도 없고, 국내산은 100% Non-GMO다. 식량자급률이 20%에 불과한 나라가 Non-GMO만 생산하다 보니 자급률이 올라갈 리가 만무하고, 세계에서 가장 비싼 국내산 농산물을 우리 국민들이 사먹게 된 것이다. 실용화할 수 없는 농업, 식량 연구는 무용지물에 불과하다고 생각한다.

물론 우리나라에서는 GMO의 안전성 논란이 그 어느 나라보다도 거세기 때문에 시판허가를 내주기가 쉽지 않은 것이 현실이다. 그러나 국민들의 마인드나 여론은 순식간에 바뀔 수가 있다. 최근 안전성을 논란을 빗겨 가고 있는 '유전자가위기술'의 경우 유전자를 변형하기는 하나, 제거하는 '빼기의 기술'이라 삽입해 '더하는 GMO기술'과는 차별화되고 있고 실제 미국에서는 GMO와는 달리 안전성에 관대한 입장이다. 이를 계기로 유전자의 제거나 삽입이 안전과는 무관하다는 인식을 이끌 수가 있어 유전자가위기술의 등장은 GMO의 안전성 논란을 잠재울 좋은 기회가 될 수도 있다고 본다.

현재 GMO에 대한 입장은 국가마다 다르다. GMO의 국가로 불리는 미국은 당연히 관대한 입장을, 식량의 자급자족이 가능하고 Non-GMO도 남아돌아 수출까지 하고 있는 EU에서는 엄격한 제도를 도입해 Non-GMO 찬양을 외치고 있다. 그러나 사실 EU는 미국으로부터 값싼 GM사료를 수입해 고기를 생산하고, Non-GMO로 둔갑시켜 비싸게 팔고 있다. 이렇듯 EU는 이익을 위해 얌체 '전략적 표시제도'를 운영하고 있는 것이 현실이다.

우리나라 시민단체는 이런 엄격한 EU(유럽)의 GMO 정책을 가져오고 싶어 한다. 그러나 우리나라도 GMO-free 청정지역이라고 누구도 이야기할 수 없어 위태롭다. 지난 5월 태백산 유채꽃 축제장에서 GMO 양성반응을 보인 유채가 발견돼 축제가 전면 취소된 사례가 있었고, 9월에는 충남 예산시 국도변에서 GMO 유채의 자연개화가 발견됐다. 수입 낙곡 등으로 인한 노지재배 과정에서의 GMO 외부 유출이나 지난 13년 동안 해 왔던 GMO연구로 우리나라 농산물도 비의도적으로 오염됐을 수도 있는 상황이다.

이런 현실을 직시하고 비의도적 혼입허용치를 3%에서 EU 수준인 0.9%로 낮춰야 한다든지, 단백질이 아닌 당이나 기름에도 GMO 표시를 해야 한다는 주장은 혹시라도 국내산 농산물의 GMO 검출로 이어져 일파만파가 될 수도 있다. 특히 우리나라는 식품원료의 약 80%를 수입하는 나라라 현재 축산물 사료처럼 값싼 GMO를 사와 최종가공품을 GMO 표시하지 않고 팔 수 있도록 하는 전략적이고 실속 있는 '한국형 GM식품표시제'를 도입하는 것이 현실적일 것이다.

• 2-4-2 •

3주 동안 색 변하지 않는 미국 GM사과 논란

> 미국 중서부 지역 일부 상점에서는 2017년 2월부터 갈변되지 않는 '북극사과'라는 브랜드의 사과를 판매키로 했다고 한다. 이는 깎아놓아도 3주간 색깔이 갈색으로 변하지 않는 유전자재조합작물(GMO) '슈퍼사과'다. 캐나다 생명공학기업 '오카나간 스페셜티'가 유전자를 재조합해 개발한 GM사과는 2015년 캐나다와 미국 FDA의 승인을 얻고 상품화를 준비해 왔었는데, 이번에 시판 허가를 받았다고 한다.

美 FDA는 유전자를 변형시켜 갈변하지 않도록 만든 사과는 기존 사과와 똑같은 안전성과 영양을 갖추고 있어 걱정할 필요가 없다고 소비자를 안심시키고 있다. 그러나 'GM사과' 허용 등 미국의 이러한 GMO 확산 움직임에 우리나라 소비자단체와 환경단체, 사과 농가들은 벌써부터 경계의 눈초리가 심상찮다.

보통 사과를 자르거나, 베어 먹거나, 부딪혀 손상되면 사과 속 폴리페놀산화효소(PPO)가 산소와 화학반응을 일으켜 갈색으로 변하게 된다. 이 PPO라는 효소가 발현하지 못하게 하는 유전자 침묵기술이 바로 색이 갈변하지 않는 GM사과인 '북극사과'를 만들었다.

스마트폰의 저변 확대와 함께 미래형 식품표시(food label)로 우리나라에 새로 도입된 QR코드가 부착돼 소비자들이 스마트폰으로 스캔하면 유전자변형(GM)과 함께 사과의 영양조성, 원산지, 생산자 등에 대한 자세한 정보를 찾아볼 수가 있다. 그러나 QR코드를 스캔하지 않으면 포장지 자체에 GM변형 사과임을 명시하지 않기 때문에 GM 여부를 알 수가 없다는 문제점도 있다.

QR코드란 사각형의 가로세로 격자무늬에 다양한 정보를 담고 있는 2차원 형식의 코드로 'Quick Response'의 줄임말이다. 즉, 온라인이든 오프라인이든 식품의 표시 공간 제약으로 충분한 정보를 담지 못할 때 QR코드를 통해 자세한 정보를 스마트폰이나 인터넷을 통해 확인할 수 있다.

북극사과는 매년 재배되는 사과의 약 40%가 갈변 때문에 낭비되는 걸 막고자 개발된 GM사과다. 그러나 GMO 개발국이자, 생산 · 판매국인 미국에서조차도 GMO가 건강에 위험할 것이라고 걱정하는 사람이 많다고 한다. 게다가 북극사과가 다른 일반사과의 가격을 떨어뜨릴 것이 틀림없기 때문에 유기농이나 비(非)GMO 사과 생산자들은 걱정이 이만저만이 아니다.

우리나라에서도 마찬가지로 미국에서 판매되는 GM사과가 수입될까 봐 걱정하는 사람들이 많다. 가뜩이나 GMO(유전자재조합작물) 식품 논란으로 온 나라가 시끄러운 마당에 걱정거리가 또 생긴 것이다. 그러나 다행히도 우리나라는 현재 이전까지의 '먹지 말자'는 안전성 논란이 아니라 '알고 먹자'는 표시 이슈로 넘어가는 중이라 GMO에 대한 인식이 어느 정도는 진척된 걸로 봐야 한다.

GM사과가 우리 식탁을 점령할 것이라는 우려는 기우라 생각한다. GM사과가 안전하지 않아서가 아니라, 미국, 캐나다와는 달리 우리나라에서는 GM

사과가 식용으로 판매될 수가 없기 때문이다. 우리나라는 콩, 옥수수, 면화, 유채, 사탕무, 알팔파 등 6개 농산물만을 GMO로 허용하고 있고 사과 등 과일과 대부분의 곡물은 허용돼 있지 않다. 우리나라에서는 특히 식용유와 두부, 간장, 과자 등에 많이 사용되는 콩과 옥수수가 주된 논란거리인데, 자급률이 각각 11%, 0.8%에 불과한 우리 현실에서 동물사료와 식품가격의 안정을 위한 어쩔 수 없는 선택이라 생각된다. 이를 모두 비(非)GMO로 대체한다면 가격과 물가 상승은 당연한 결과다.

항간에 논란이 됐었던 GM밀가루와 쌀은 더더욱 걱정할 필요가 없다. 이들은 모두 일종의 주식(主食)이라 아직까지 GMO를 허용한 나라가 세상 어디에도 없기 때문이다.

지금과 같이 GMO 표시 이슈로 들썩이는 우리 상황에서 아무리 갈변되지 않는 획기적인 북극사과가 개발돼 버려지는 사과를 살리고 세계시장에서 널리 판매된다 하더라도 우리 정부가 GM사과를 허용할 리 만무하다고 생각한다. Step by step, 허용된 여섯 가지 중요 작물에 대한 과학적 안전성을 인정하는 우리 소비자의 인식이 자리 잡힌 후라야 도입이 검토될 것으로 예상되니 전혀 걱정할 필요가 없다고 생각한다.

• 2-4-3 •

캐나다산 수입 밀, 미승인 GMO 오염

최근 캐나다 앨버타주의 한 농장에서 '미승인 유전자변형(GMO) 밀'이 발견됐다. 이에 따라 캐나다산 밀 수입이 전면 중단됐다. 또한 제분업계도 이미 수입된 캐나다산 밀에 대해 구매와 유통, 판매를 전면 중단했다. 이로서 우리나라는 이미 수입과 판매를 전면 중단한 일본에 이어 두 번째 수입 금지 조치를 취한 나라가 됐다. 우리나라는 밀 소비의 98.2%를 미국과 호주, 캐나다 등 13개국에 의존하고 있으며, 전체 수입량의 약 5%(밀 8.3%, 밀가루 4.7%)가 캐나다산이라 국내 식품산업에 대한 영향은 그리 크지는 않을 것으로 예상된다.

지난 2013년에도 미국 오리건주에서 미승인 유전자재조합(GMO) 밀이 발견돼 미국산 밀 수입이 금지되는 등 난리가 난 적이 있었다. 발견된 미승인 GMO 밀은 미국의 다국적 기업인 몬산토에서 개발한 것이었다. 이는 인체와 환경 안전성에 대한 美 식약청(FDA)의 검증을 마쳤으나 밀 생산업자들의 재배 거부로 몬산토에서 허가 신청을 철회했던 종자였다. 이 사건 이후 2013년 6월부터 우리나라에서는 수입 밀에 대해 GMO 검사를 실시 중이며, 지금까지 단 한 건도 GMO 밀이 통관 시 검출된 사례가 없었다고 한다.

이번 사태로 다시 주목받고 있는 GM작물은 "유전공학기술을 이용해 추위와 병충해, 제초제 등에 잘 견딜 수 있도록 개발된 농산물"을 말한다. 이들 GM식품의 안전성은 과학계와 소비자 · 환경단체에서 지속적인 논란거리가 되고 있으나 지난 20년간 이 세상에서 GM식품에 의한 피해사례가 공식적으로 보고된 적은 없다.

현재 GM작물은 콩(50%), 옥수수(31%), 면화(14%), 캐놀라(유채, 5%) 등 4개가 상업적 유통의 대부분을 차지하고 있는데, 밀과 쌀은 인류의 주식이라 상업적 재배 및 유통이 전 세계적으로 금지되어 있어 우리나라 시장에도 당연히 없다.

캐나다는 매년 밀 수출로 약 9조 2천억 원의 수익을 올리고 있다고 한다. 캐나다 식품 검역소(CFIA)에 따르면 이번에 발표된 미승인 GMO 밀은 작년 여름 앨버타주의 한 농가에서 발견됐는데, 몬산토 밀(MON 71200)이었다고 한다.

이런 사태는 생명공학 연구를 수행하는 나라라면 어디에나 있는 일이고 우리나라도 비껴 나갈 수가 없어 국내산 농산물도 위태위태하다. 지난 14년간의 광범위한 GMO 연구로 우리나라 강토와 작물들도 이미 상당 부분 GMO에 오염돼 있을 것으로 추측된다. 작년 5월 태백산 유채꽃 축제장에서 GMO 양성 반응을 보인 유채가 발견돼 축제가 전면 취소된 사례가 있었고, 9월에는 충남 예산 국도변에서 GMO 유채의 자연 개화가 발견되기도 했다. 만약 이 추측이 사실로 드러난다면 Non-GMO를 생산한 우리 농민이 현재 3% 비의도적 혼입 허용치를 초과함으로써 GMO를 생산한 것으로 오해받을 수도 있다.

최근 발생했던 일련의 미국산, 캐나다산 미승인 GM 밀 오염사태로 우리 소비자들의 제2의 주식으로 자리 잡은 밀과 밀가루 음식에 대한 불신과 오해로 이어지지 않기를 바란다. 이미 인류가 수천 년간 먹어오면서 안전성을 검증한 먹거리에 대해 더 이상 불안해할 필요는 없다고 본다.

· 2-4-4 ·

GMO 감자 승인을 반대하는 집단행동에 대한 생각

2018년 10월 18일 한 국회의원과 41개 소비자, 농민, 환경단체로 구성된 'GMO반대전국행동'이 'GM감자 승인 반대' 기자회견을 열었다고 한다. 식약처가 지난 8월 GM감자 안전성 승인을 위한 절차를 모두 완료했고 내년 2월 최종 승인만을 남겨두고 있는 것에 대한 대응이라고 한다. 지금 우리나라에서 안전성이 확인돼 수입 · 판매가 허용된 GM작물은 '대두, 옥수수, 카놀라, 사탕무, 알팔파, 면화' 등 6종인데, 감자가 추가될 예정이다.

이것은 반대할 일이 아니라고 생각한다. 지금 시장에선 감자 한 상자 가격이 10만 원을 넘어서 '감자'가 '금(金)자'로 불린다고 한다. 우리나라 소비자들은 정말 봉이다. 식품시장에서 가장 시급한 문제는 GMO가 아니라 '물가(物價)'라 생각한다. 최근 영양성분 차이도 없으면서 국내산 콩으로 만든 두부 가격이 수입산보다 3배나 높다는 YTN의 보도가 있었고 천정부지로 치솟는 쌀 가격 문제 등 이 세상에서 가장 비싼 우리나라의 국내산 식재료 가격이 가장 시급한 문제라 생각한다.

높은 국내산 농수축산물 원재료 가격에 우리 소비자들은 벌어도, 벌어도 먹고 살기가 빠듯하다. 다행히 수입산 원료를 사용하는 가공식품은 다른 나라와 견주어 볼 때 가격이 비교적 저렴한 편이라 좀 낫다. 이런 시급한 문제는 아랑곳하지 않고 전 세계적으로 아무 문제없이 팔리고 있고 다들 잘 먹고 있는 GMO만 갖고 난리다.

사실 이번 'GMO감자'는 그간 감자튀김에서 발암물질 아크릴아마이드가 많이 나온다고 학부모나 소비단체에서 제기해 왔던 안전 문제의 해결책이다. 감자를 고온으로 튀길 때 발생하는 아크릴아마이드는 감자 속 아미노산인 아스파라긴산(aspartic acid)으로부터 생성되는데, 이를 줄이고자 한 좋은 목적의 유전자재조합이다. 물론 아직 허가 전이라 지금까지는 우리나라에 수입된 적도 팔린 적도 없다. 추후 허가가 확정돼 GMO감자를 사용한 제품이 시장에 출시된다 하더라도 표시토록 하면 되고 소비자들은 구매할 때 표시를 보고 사든 말든 선택하면 된다. 소비자가 구매하지 않으면 자연스레 기업들도 사용하지 않을 것이라 비록 허가한다 해도 시장에선 무용지물이 된다.

GMO감자를 사용하면 아무래도 가공식품의 시장의 가격이 떨어지게 된다. 그리고 GMO감자가 시장에 있어야 Non-GMO감자 가격도 눈치를 보게 되고 덜 오르게 되는 것이 시장의 이치다. 시장에 Non-GMO감자만 있다면 공급자가 갑(甲)이 되고 생산자가 부르는 게 값이 된다. 지금 GMO감자 허용을 반대하는 사람이나 단체들 면면을 살펴보면 농업계 국회의원이거나 국내산 농산물을 생산하거나 파는 단체 그리고 이를 통해 이익을 보고자 하는 순수하지 않은 사람들이 많이 보인다.

이런 일반 국민들에게 오히려 손해가 되는 주장을 하는 사람들이 활개를 치고 있는데, 이에 반대하는 사람은 코빼기도 보이지 않는다. 있다면 거의 과학자나 산업계가 될 것인데, 입 열어 봤자 해가 되면 됐지 이익될 게 없으니 눈치만 보고 있다. 그리고 수십 년간 GMO 등 농수축산물 육종연구를 수행해 온 농진청도 식약처를 핑계 삼아 숨어 있지만 말고 국내에서 단 한 건도 승인받지 못한 이유도 설명해야 한다. 또한 앞으로 글로벌 무한경쟁의 시대에 식량 관련 생명공학 기술 선점의 중요성을 국민들에게 알리며 GMO 재배 허용 확대를 강력히 추진해 우리 농업의 돌파구인 생산성과 수출 산업화를 이루도록 나서야 한다고 본다. 실용화도 시키지 못할 연구를 왜 수십 연간, 수백수천억 원씩 들여가며 그 많은 연구직 공무원들과 외부 과학자들을 동원해 진행하고 있는지도 밝혀야 할 때라 생각한다.

소비자단체들은 GMO감자에 대해 무작정 반대만 할 게 아니라 안전성에 대한 과학자들과 안전 당국의 이야기에 다시 한 번 귀를 기울여 주기를 바란다. 또한 발암물질 저감화라는 이익과 재조합된 유전자에 대한 걱정 사이에서 소비자에게 돌아갈 득(得)과 실(失)을 좀 더 구체적으로 따져보고 식품 고물가(物價)의 최대 피해자인 소비자를 위한 일이 무엇인지 다시 한 번 '전략적 고민'을 해 주기를 당부한다. 농어촌 지역 의원, 농촌단체 비례대표 의원은 그렇다 치고 대다수의 국민들이 뽑아 준 국회의원들은 이들을 위해 어떤 목소리를 내줘야 할지도 생각해 볼 시기라 생각한다.

· 2-4-5 ·

유전자가위편집 기술 등 세계적 식품 신기술 시대의 대비

무한경쟁의 시대에 미국, 일본을 위시한 세계 각국의 식품산업 규제가 정말 파격적이다. 일본은 이미 농산물이나 일반식품의 기능성 표시를 허용했고, 유전자를 만지는 신(新)기술 관련 규제도 파격적이다. 2019년 3월 18일 개최된 日 후생노동성의 전문가회의에서 빠르면 올 여름부터 새로운 유전자 삽입 없이 '유전자편집(genome-editing)' 기술로 개발된 식품에 대해서는 안전성 심사 없이, 정부에 사전 신고만으로 판매 가능하게 한다고 한다. 유전자 변이는 자연계에서도 일어날 수 있고, 종전의 품종 개량기술로 만들어진 것과 다르지 않다고 간주하고 안전성 심사를 따로 하지 않는다고 한다.

최근 신(新)기술인 '유전자가위기술'로 알려진 '게놈 편집기술'로 품종을 개량해 생산한 작물로 만든 식품이 전 세계적으로 급속히 보급되고 있다. 일본 정부가 가장 적극적으로 규제를 정비 중이며, 실용화를 유도하는 중이다. 이 기술로 유전자를 절단한 생물은 유전자변형작물(GMO)과는 달리 안전성 규제 대상에서 제외하나, 어떠한 유전자를 조작했는지 등의 정보는 국가에 제공하고 소비자에게 공개한다는 방침이다. 그러나 유전자 편집으로 새로운 알레르기 원인물질이 생기는 등 미지의 위험이 발생할 우려 때문에 일본의 '전국 소비자단체 연합회'에서는 반대의견을 밝혔다.

일본의 이러한 신기술에 대한 포용적 규제는 매우 전략적이다. 우리나라의 경우 미래 글로벌 식품 산업의 경쟁력 확보에 필수적인 신기술 확보를 위한 규제를 국제적 흐름에 맞게 적극 수용하는 방향으로 가야 한다고 본다. 물론 반대하는 우려 섞인 목소리가 있으나 현 정부의 '규제 샌드박스' 트렌드에 따라 안전성이 입증된 경우, 우선 시판을 허용하고 사후관리를 하면서 보완하면 된다고 본다. 이 규제 샌드박스는 "신기술이나 새로운 비즈니스 모델이 국민의 생명과 안전을 위협하지 않을 경우 기존 법령이나 규제에도 불구하고, 시장에 출시될 수 있도록 임시로 허가하는 것"을 말하는데, 이를 통해 신산업 분야의 제품 출시를 앞당기고 글로벌 시장을 선점한다는 세계적 무역 강국들의 트렌드다.

2016년 4월 전 세계에서 가장 먼저 美 농무부(USDA)가 유전자가위기술로 만든 변색 예방 버섯에 대해 GMO 안전성 규제 대상이 아니라는 결정을 내려 주목을 받고 있고 올해부턴 일본까지 가세해 이것은 GMO와는 다른 안전한 기술이라는 방향으로 의견을 모으는 중이다.

우리나라에서도 현재 유전자가위기술의 실용화가 논의되기 시작했고 식약처에서도 검토 중이다. 조만간 정부의 규제 입장이 정리될 것으로 예상되는데, 아직까지는 GMO 완전표시제에 대한 요구, 비의도적 혼입허용치의 재조정, GM감자 승인 문제 등 GMO 논란으로 온 나라가 시끄러운 상황이라 서로 다른 기술임에도 불구하고 작물의 유전자에 손을 댄다는 이유로 부정적인 시각이 많은 것이 사실이다.

이런 사회적 분위기가 너무나 압도적이라 국내에서는 정부가 개발한 기술도 허가받지 못하고 사장되는 형국이다. 최근 국내에서 유전자가위편집기술로 곰팡이병에 강한 포도와 사과를 만들었고 근육량을 늘린 돼지, 상추나 벼의 품종 개발도 이어지고 있으나 국내 시판 허가가 나지 않아 발을 동동 구르고 있다고 한다. 정부 당국은 시민단체, 농민단체의 눈치를 보느라 시판 허가를 내주지 못하고 있다. 사실 허가돼 시판되더라도 표시제도만 잘 운영하면 소비자들이 보고 구매하지 않으면 그만인 것을 왜 허가 여부로 이 난리를 치는지 모르겠다. 국내에서 소비자 외면으로 판매가 안 되면 수출하면 그만인데 좋은 신기술들이 사장되는 것이 안타깝기만 하다.

당분간 '유전자가위기술'과 'GMO' 식품의 차별성이 한동안 논란거리가 될 것 같다. 그러나 시간은 좀 걸리겠지만 현실적으로 이 유전자가위기술은 GMO와 같은 험난한 길을 걷지는 않을 것 같고, 소비자가 알고 사 먹도록 '완전표시제' 조건 하에 전략적으로 수용되기를 조심스레 예상해 본다.

키워드2-5 플라스틱 포장 및 일회용품

• 2-5-1 •

빨대, 일회용 컵 등 플라스틱 사용 규제와 식품안전

최근 '일회용 빨대'가 해양 쓰레기, 해산물 미세플라스틱의 주범으로 지목되면서 전 세계적으로 사용을 금지시켜야 한다는 목소리가 커지고 있다. 서해에서 발견된 붉은 바다거북의 배에서도 비닐조각이 발견됐고, 천일염 소금에서도 미세플라스틱이 발견된다고 한다. 우리 정부도 매년 사용되는 1회용 컵이 257억 개, 플라스틱 빨대가 100억 개에 달해 생활 폐기물 감소를 위한 일상 속 일회용 컵과 플라스틱 빨대 사용을 2027년까지 단계적으로 금지한다고 한다. 게다가 대형마트의 과대 포장을 법적으로 제한하고 친환경 포장 재질로 대체하는 '자원순환기본계획'도 수립한다. 생산, 소비, 관리, 재생의 모든 단계에서 폐기물을 줄여 '자원의 선순환' 체계를 구축하기 위해서다.

미국 등 선진국도 마찬가지다. 도시 최초로 시애틀에서 2018년 7월 1일부터 빨대를 포함한 일회용 플라스틱 용기/조리기구 및 칵테일 피크 사용을 금지하는 조례를 시행했다고 한다. 기존의 일회용 플라스틱 제품을 사용하다 적발되면 250달러의 벌금도 부과된다. 뉴욕, 캘리포니아, 샌프란시스코 등 대도시와 주정부들도 추진 중인데, 친환경 제품의 수요 확대는 빨대뿐 아니라 일회용 용기, 냅킨 등으로 확대되는 추세라 한다.

최근 기업들도 이런 분위기를 이어받아 플라스틱 빨대 중단 계획을 속속 발표하고 있다. 스타벅스는 오는 2020년까지 전 세계 2만8천 개 매장에서 연간 10억 개의 빨대 쓰레기를 줄이기 위해 단계적으로 사용을 중단하고 컵 뚜껑을 사용한다. 하얏트호텔도 9월 1일부터 플라스틱 빨대 사용을 중단키로 했으며, 맥도날드도 플라스틱 빨대 퇴출을 목표로 영국을 시작으로 종이 빨대를 시범적으로 제공하고 있다고 한다. 그리고 항공사인 알래스카 에어라인과 아메리칸 에어라인도 플라스틱 빨대와 스틱 사용 중단을 선언했다. 아마 생분해성 플라스틱이나 종이 빨대가 기존 일회용 플라스틱 빨대를 대신할 것이다.

'죽음의 알갱이', '바다의 암세포'라 불리는 미세플라스틱(micro-plastics)은 플라스틱 제품이 조각나고 미세화돼 크기가 5㎜ 이하가 된 합성 고분자화합물이다. 사실 플라스틱이 발명된 지 50여 년간 지속적으로 사용량이 증가하고 있다. 플라스틱은 대부분 일회용 포장제품으로 쓰이며, 사용 후엔 재활용되거나 매립 또는 소각되는데, 그 일부가 바다로 유입된다. 양식장에서 사용되는 스티로폼 부표도 원인이다. 시간이 지나면서 마모되고 쪼개지면서 미세플라스틱이 되는데, 이들은 환경호르몬인 비스페놀A도 함유하고 있고 바다 속 독성물질을 흡착, 축적하는 특성이 있어 수산물을 통해 최종적으로 인간에게까지 피해를 준다.

미세플라스틱을 걱정하는 이유는 인체에 미치는 악영향 때문이다. 이것은 환경 파괴뿐 아니라, 음식을 통해 체내에 들어오면 장 점막에 흡착돼 침출된 독성물질과 유해균들이 체내로 전이될 가능성이 크기 때문이다. 또한 사람의 체세포 및 조직에 직접 작용해 장 폐색을 유발하며 성장에도 악영향을 미친다고 한다. 어류의 경우, 내장이 미세플라스틱으로 채워지면서 장이 팽창되고 개체의 활동성이 감소돼 이동거리와 속도도 감소한다고 한다.

물론 아직은 전 세계적으로 해수 중 미세플라스틱 기준은 없는 상태다. 그러나 향후 위해성 평가가 완료돼 그 위험성이 입증된다면 기준을 마련해야 하고, 오염 수준에 따라 해역의 안전등급도 메겨야 한다. 해역별로 생산되는 해산물이나 천일염의 판매 여부까지도 연동시켜 식품의 안전성을 확보하고 소비자의 알 권리와 선택권을 보장해 불안감을 해소해 줘야 한다. 바로 지금 우리나라에도 소비자 · 시민단체를 중심으로 일회용 컵이나 포장 백, 빨대 등 플라스틱 사용을 획기적으로 줄이는 범국민 캠페인이 필요한 시기라 생각한다.

· 2-5-2 ·

위생용품 환경호르몬 비스페놀A 안전관리

최근 미국 의회에서 '비스페놀A' 금지 법안이 발의됐다. 식품 · 음료용기와 캔, 포장재 등 식품과 접촉하는 모든 물질에 BPA 사용과 판매 금지를 요구하는 '2016 유해 첨가물 금지법안'이다. 법안을 발의한 에드워드 마키 상원의원은 "식품 및 음료 용기에서 비스페놀A를 금지하는 것은 상식적인 일이며, 이 법안이 어린이와 가족이 위험한 물질에 노출되지 않고, 생산시설의 근로자도 보호할 수 있다"고 주장했다.

미국과 EU가 '식품용기에 대한 비스페놀A 사용 금지 법안'을 논의 중이며, 이는 세계적으로 확산되는 추세다. 물론 기술적으로 비스페놀A를 대체할 수 없으면 예외로 인정되나 '발암 가능성이 있는 물질', '미국 환경청에서 잔류성, 생물축적성, 독성이 있다고 파악한 물질', '생식 및 발달 유독성의 원인이 되는 물질', '환경호르몬(내분비계 장애물질)을 발생시키는 물질' 등은 비스페놀A로 대체하는 것이 금지된다고 한다.

그 여파가 우리나라에도 미치고 있다. 우리 식약처도 '세척제, 일회용 컵 · 숟가락 · 젓가락 · 이쑤시개 등 위생용품'에 대한 안전 관리를 강화한다고 하며, 곧「위생용품관리법(안)」을 국회에 제출할 예정이라고 한다.

현재 알려진 내분비계 장애와 관련된 대표적 물질로는 식품이나 음료수 캔의 코팅물질 등에 사용되는 비스페놀A, 과거 농약이나 변압기 절연유로 사용됐던 DDT와 PCB, 소각장에서 주로 발생되는 다이옥신류, 합성세제의 원료인 알킬페놀, 플라스틱 가소제로 이용되는 프탈레이트에스테르, 스티로폼의

성분인 스티렌다량체 등이 있다.

비스페놀A는 1891년 러시아 화학자 디아닌(Dianin)에 의해 처음 합성됐다. 이 물질은 2개의 페놀(bis-phenol)과 1개의 아세톤(acetone)이 결합된 복합어로 A는 아세톤의 약어다. 비스페놀A는 폴리카보네이트나 에폭시레진 등에 이용되는데, 에폭시레진은 내구성이 뛰어나고, 화학물질에 의한 변형이 적어 식품이나 음료 캔의 보호용 코팅재로 주로 이용된다. 폴리카보네이트는 내구성, 투명성이 뛰어나고 열에 강해 장난감, 물병, 젖병, 컵 등 다양한 용도로 사용된다.

이러한 소재로 만들어진 플라스틱은 값이 싸 생활 중 폭넓게 이용되고 있다. 그러나 포장재로부터 용출된 비스페놀A는 체내에서 호르몬처럼 작용할 수가 있는데, 실제 호르몬이 아니기 때문에 다양한 이상반응을 일으켜 인체 안전성 문제를 일으킨다. 물론 비스페놀A는 미량 노출 시 그리 치명적인 독은 아니다. 반수치사량(LD_{50})도 체중 kg당 2~3g으로 소금(4g)보다 2배 정도 급성독성이 강한 물질이라 보면 된다. 그러나 다량의 비스페놀A에 노출되면 급성독성이 문제가 아니라 내분비계 장애인 호르몬 이상을 일으켜 기형아 출산, 태아사망, 불임, 유방암, 성조숙증, 성기능 장애 등을 야기할 수 있다.

대부분의 비스페놀A는 4~5시간 내에 소변을 통해 체외로 배출되지만, 매일 반복적으로 노출될 경우, 체내에 축적되므로 주의해야 한다. 특히 최근 영수증에 사용되는 잉크에서 비스페놀A가 검출돼 일상생활에서의 오염이 매우 심각함을 보여 줬다. 또한 중국산 수지 마늘분쇄기에서 아크릴로니트릴,

멜라민수지 젓가락에서 포름알데히드가 용출기준치를 초과해 회수, 폐기 등의 조치가 이뤄진 적도 있었다.

일상생활 중에는 PC(폴리카보네이트) 소재 플라스틱 용기에 담긴 음식을 전자레인지에 넣고 데울 때 비스페놀A의 용출 가능성이 가장 높은데, 특히, 고온 가열 시 용기의 깨진 부위로 더 많은 양이 용출된다고 한다.

소비자시민모임이 제안한 비스페놀A의 피해를 줄이기 위한 환경호르몬 예방수칙은 "농약을 사용하지 않은 친환경농산물 섭취, 플라스틱 분유병 사용 억제(모유 수유 권장), 플라스틱 제품 사용 자제, 쓰레기 배출 최소화, 플라스틱 용기의 전자레인지 사용 금지, 표백이 덜 된 제품 사용" 등인데, 무엇보다도 올바른 생활습관이 가장 중요하다.

·2-5-3·

환경부 과대포장 방지대책

- 식품 비닐 재포장 판매금지에 대한 생각 -

환경부는 2020년 7월부터 제품 판촉을 위한 1+1이나 묶음 상품처럼 비닐 등을 활용한 재포장 판매를 하지 못하게 하는 것을 골자로 한 '제품의 포장 재질 · 포장 방법에 관한 기준 등에 관한 규칙'을 개정 · 공포했다. 이는 불필요하고 과도한 제품 포장 폐기물을 줄이고 원가도 절감하는 명분 있는 시책이다. 주 내용은 "대규모 점포 또는 면적이 33㎡ 이상인 매장이나 제품을 제조 또는 수입하는 자는 포장돼 생산된 제품을 다시 포장해 제조 · 수입 · 판매하지 못한다." 이번 재포장 금지 대상은 "각 기업들이 판촉용으로 별도 묶어 포장하는 제품"에 한정된다고 한다.

전 세계 플라스틱 포장의 점유율은 2000년 17%에서 2015년엔 25%까지 증가했고 美 환경보호청의 조사에서도 2015년 생산된 플라스틱 용기와 포장재의 14.6%만이 재활용되었다고 한다. 유럽플라스틱제조자협회(EUROMAP)가 발표한 '세계 63개국의 포장용 플라스틱 생산량 및 소비량 조사보고서'에 따르면 2015년 한국의 1인당 연간 포장용 플라스틱 소비량은 약 62kg으로 벨기에(85.11kg)에 이어 세계 2위를 기록했다. 벌크 형태로 주로 구매하고 종이 포장 사용량이 많은 미국(48.7kg), 식품포장을 많이 사용하지 않는 중국(24kg)에 비해 포장재 사용이 클 수밖에 없는 구조다. 앞으로 우리나라의 환경문제가 점점 걱정된다. 포장재 쓰레기를 줄이기 위한 특단의 조치가 필요한 시점인 것은 틀림없다.

우리나라는 플라스틱 용기와 포장재 사용이 전 세계 최고 수준이다. 선물용 과대포장이 많고 플라스틱 포장 규제도 약하다. 또한 배달음식이 활성화돼 있어 더더욱 그렇다고 생각된다. 소비자들은 비닐 테이프가 필요 없는 박스, 코팅되지 않은 박스, 젤 대신 물로 충전한 보냉 · 보온 팩, 빨대와 비닐, 플라스틱 퇴출을 원한다.

최근 글로벌 해양오염과 해산물 미세플라스틱 문제가 이슈화되면서 친환경 소비에 대한 니즈와 플라스틱 용기에 대한 소비자의 거부감이 커지고 있는 추세다. 미래 자손들에게 깨끗한 환경을 물려주기 위해 과대포장 문제는 반드시 해결돼야 한다. 그러나 식품의 품질과 안전 유지에 지장을 주지 않는 범위 내에서 포장을 간소화해야 한다. 보존성과 제품의 안전성에 지장을 초래하는 간소화는 당연히 있을 수도 없고 있어서도 안 된다. 안전성이 확보되지 않으면 식품(食品)을 상품(商品)이라 볼 수 없기 때문이다. 즉, 효율성, 가성비 이전에 안전성을 확보하는 포장이 필요하고, 안전한 범위 내에서 간소화해야 한다. 결국 간소화의 범위는 식품의 유형, 수분활성도나 pH 등 특성, 보존료 등 첨가물 사용 여부, 온도 등 보관조건, 진공 등 포장조건과 포장의 재질 등에 따라 달라진다. 또한 운송 중 파손될 위험이 높은 식품도 있어 많은 요인들을 고려해야 한다.

앞으로 우리 식품 기업들은 플라스틱 빨대 없는 요구르트, 컵 커피 등을 출시해야 하고 판촉용 1+1 묶음에 비닐을 사용하지 못할 것 같다. 비록 환경부의 권고이지만 기업들은 정부 눈치를 봐야 하는 입장이라 사실상 의무화라 봐야 한다. 그리고 사용한다 해도 친환경 소재로 만든 빨대, 포장만 사용 가능할 것이다. 물론 원가 상승으로 제품 값이 오르게 돼 있으나 이 정도는 소비자가 어쩔 수 없이 부담해야 하는 환경 부담금이라 생각해야 한다.

글로벌 식음료 시장의 패키징 트렌드 역시 친환경과 지속가능성을 지향하고 있다. 최근 친환경 종이컵이 스타벅스에 사용되기 시작했고 대부분의 음료 제조업체들이 혁신적인 포장을 통해 환경까지 생각하게 해 소비자들의 구매심리를 공략하고 있다. 최근 미국 식품시장에 불고 있는 패키징 트렌드 조사결과, 친환경이 대세였고, 플라스틱을 대체할 수 있는 유리 용기와 재사용이 가능한 식품 포장이 각광 받고 있다고 한다.

우리 소비자들도 환경오염의 주범인 일회용 플라스틱 포장재 줄이기, 과대포장 근절에 앞장서야 한다. 기업의 친환경 패키징 전환 운동은 비용이 발생하나 환경 친화적이며, 착한 사회공헌 이미지를 심어줘 기업 성장에 큰 이익이 될 것이라 멀리 보면 남는 장사라 생각한다.

• 2-6-1 •

가공식품 바로보기
- 최근 논란인 가공식품 발암 가능성 -

2018년 3월 8일 프랑스 국립보건의학연구소 한 연구팀이 '영국의학저널'에 약 10만 5천 명의 성인을 대상으로 '가공처리를 많이 한 식음료'를 먹은 사람들이 '천연식품'을 주로 먹는 사람들보다 암 발병 위험이 더 높을 수 있다는 결과를 발표했다. 가공을 많이 한 식음료를 10% 더 먹으면 모든 암 발병 위험이 12% 더 높아진다고 한다. 특히 사탕, 과자, 껌, 비스킷 등에 든 티타늄디옥사이드(Titanium Dioxide) 같은 식용색소가 암 유발을 촉진할 수 있어 위험하다는 것이다.

지금 우리는 인류 역사상 가장 먹을거리가 풍부하고 안전한 시대에 살고 있다. 그러나 아이러니하게도 인간들은 자신들이 먹는 음식이 가장 불안하다고 느끼고 있다. 식량이 넘쳐나다 보니 복에 겨워 '가공식품'을 눈엣가시로 여긴다. 한때 가공식품 덕분에 목숨을 건져 지금까지 겨우 살아남았으면서 말이다.

소수이긴 하나 극성인 사람들 때문에 가공식품 관련 괴담도 넘쳐난다. "가공식품 많이 먹으면 암 걸린다!", "특히, 가공식품에 넣는 첨가물이 나쁘다!", "가공식품 말고 천연식품을 먹어야 건강해진다!" 등 학계에도 이런 부정적인 논문이 쏟아지고 있는데, 같은 음식인데도 발암성이 있다는 논문도 있고, 없다는 논문도 있고, 심지어는 항암효과까지 있다는 논문도 있다. 적색육도, 술도, 커피도, 김치도, 젓갈도 바로 이런 음식들이다.

그 이유를 생각해 보면, 음식이라는 숲을 보지 않고 하나하나의 개별 성분들 즉 나무만 본다면 이런 결론들이 충분히 이해가 된다. 상반된 주장을 하는 학자들이 아주 오래전부터 지금까지도 공존하고 있다는 데에는 다 이유가 있을 것이다. 모두 틀린 이야기를 한 게 아니기 때문이다. 사람이 먹는 모든 음식은 미량이나마 항암물질이든 발암물질이든 좋은 성분이든 나쁜 성분이든 다양한 성분을 갖고 있다. 결국 음식에 든 개별 성분만을 따져본다면 모든 음식이 항암식품으로 둔갑될 수도 있고, 발암식품으로 폄하될 수도 있다는 것이다. 저마다의 이익과 관심에 따라 보고 싶은 부분만 보고, 이야기하기 때문에 같은 음식을 놓고도 정반대의 주장이 나오는 것이다.

1977년 Richard Hall 박사가 'Nutrition Today'에 발표한 한 논문이 이를 증명한다. 그는 레스토랑 점심식사 메뉴에서 고급 코스요리를 대상으로 발암물질이나 독성물질 함유 식품을 하나씩 제거했는데, 결국 먹을 게 하나도 없었다고 한다. 그가 점심 메뉴에서 제거한 것은 "당근, 무, 양파, 올리브, 멜론, 햄, 새우 뉴버그(newburg), 감자, 버터, 파슬리, 롤스, 브로콜리, 네덜란드 소스, 치즈, 바나나, 사과, 오렌지, 커피, 홍차, 우유, 와인, 물"이었다고 한다. Hall 박사의 발표는 독성물질이 함유됐으니 이런 음식을 먹지 말라는 것이 아니라 발암물질과 독성물질에 항상 노출돼 있는 인간의 식생활에 대한 대중의 이해를 돕기 위한 것이다.

우리나라의 질병으로 인한 사망원인 1위는 암이다. 세계보건기구(WHO)는 암을 일으키는 주요 원인으로 생활습관이나 환경적 요인을 꼽는다. 발암물질은 자연적으로 생성되거나, 조리과정 또는 미생물의 분해로 생겨 식품 속에는 자연스레 발암물질을 포함한 많은 독성물질이 늘 존재한다. 이런 사실을 인정하지 않는다면 늘 어떤 음식이든 암을 일으킨다는 발표가 나올 수 밖에 없고, 늘 이런 발표를 대하는 가공식품을 만들어 파는 사람은 걱정일 수 밖에 없다.

가공식품은 저장성, 경제성, 표준화된 품질 등 장점을 준다. 여기에는 첨가물을 넣고 추가적인 가공처리를 하기 때문에 흠도 있다. 좋은 점만 보면 고마운 음식이고 반대로 흠을 찾다보면 먹을 수 없는 쓰레기가 될 수도 있다. 현재 시판되는 가공식품과 첨가물은 안전 당국에서 위해성평가를 거쳐 허가한 것만이 적정량 사용되는 만큼 우려할 필요가 없다고 본다. 전체적인 맥락과 숲을 봐야지 나쁜 면만 보다보면 계속해서 문제만 보인다. 물론 가공식품을 먹으면 암을 유발할 수는 있겠지만 그 가능성은 무시할 정도로 낮기 때문에 일상적인 섭취로는 전혀 걱정하지 않아도 된다.

가공식품은 어차피 인류와 함께 갈 수밖에 없고 천연식품만으로는 인류의 굶주림을 해결하지 못한다. 섭취 양과 방법을 고려하지 않은 채 개별 성분의 존재 여부만으로 발암물질이니 항암물질이니, 좋다 나쁘다 등 소비자의 판단을 왜곡시키는 발표는 이젠 그만했으면 한다. 이는 푸드패디즘과 혼란만 조장할 뿐 사회에 아무런 도움이 되지 못한다고 생각한다. 모든 음식은 좋은 면과 나쁜 양면이 있다는 걸 인정하고 앞으로는 성분과 건강 영향을 소비자가 보고 판단할 수 있도록 '표시에 기반한 선택의 문제'로 풀어가는 합리적인 사회가 되기를 바란다.

· 2-6-2 ·

'무(無)첨가 식품'의 급성장과 기업의식

전 세계 식품시장에서 '무첨가 식품'에 대한 관심이 증가하고 있다. 무첨가 식품의 인기와 함께 북미와 유럽 등 선진국을 중심으로 무첨가 식품 식별표인 '클린라벨(Clean-label)'도 뜨고 있다. 국내 시장에서도 무첨가 식품에 대한 관심과 인식이 커지면서 제품 및 시장의 다양화에 대한 소비자 니즈가 높아지고 있으나 일부 이를 악용하는 얌체 마케팅으로 변질되고 있는 것도 사실이다.

'무첨가(無添加) 식품'이란 소비자들이 기피하는 성분을 제거한 식품으로, 프리 프롬(Free From) 식품, 無첨가물, 자연건강식품, 글루텐프리식품, 유당(락토오스)프리식품, 비(非)유전자변형식품, 유기농식품 등을 포함한다.

국내 식품시장에서 무첨가 식품은 주로 어린 자녀를 둔 부모와 젊은 소비자들을 중심으로 인공 또는 화학첨가물이 제외된 식품으로 인식되고 있다. 더욱이 제품 성분과 원재료를 꼭 확인하고 구입하는 소비자인 '체크슈머'(Check+Consumer)가 늘면서 무첨가 식품은 작년 기준 3조 2천266억 원 규모의 시장이라고 한다. 천연(天然) 재료만을 사용해 만든 스낵 등이 인기를 끌며 자연건강식품 시장도 2012년 2조 2천818억 원에서 작년 3조 216억 원대로 성장했다.

식품첨가물과 무첨가 식품에 대한 SNS 언급 양은 2010년에 각각 5,144건, 1,466건에 불과했으나, 작년에는 1만 6,082건, 7,825건으로 3배 이상 증가했다. 이는 소비자의 식품첨가물에 대한 관심과 부정적 인식이 무첨가 식품에 대한 니즈로 옮아 간 것으로 판단된다.

첨가물 관련 SNS 언급 사례의 연관어를 살펴보면 합성첨가물, 안정제, 방부제, 보존제, 인산염 등과 프로판디올, 합성향료, 인공향료, 타르색소, 합성착색류 등으로 판독됐다. 즉, 무첨가 식품 중에는 합성향료, 인공향료 첨가가 가장 큰 관심이하는 이야기다. 대표적 식품첨가물인 MSG뿐만 아니라 인공색소와 향료, 보존료(방부제), 설탕 등의 첨가에 대한 관심도 매우 높았다.

그러나 한편으로는 무첨가 식품이 돈벌이 마케팅 수단으로 적극 활용되고 있다. 한국미래소비자포럼이 소비자 천명을 대상으로 식품업계 '무첨가 마케팅'에 관해 설문조사한 결과, 68%가 "가공식품 구매 시 첨가물 포함 여부를 중요하게 생각한다."고 대답했다. 관련 제품 구입 시 무첨가 표시의 영향을 받는 소비자는 70%나 돼 대부분의 소비자가 영향을 받고 있는 것이다. 이런 이유로 현행 「식품위생법」과 '식품 등의 표시기준' 고시에서는 소비자가 오인 · 혼동하는 표시를 엄격히 금지하고 있고, 각종 무첨가에 대한 표시 악용 시 형사처분이나 행정처분이 가능토록 하고 있다.

기업들의 '네거티브 마케팅'을 예방하기 위해 우리 정부가 표시기준까지 개정해 무MSG, 무첨가 표시를 금지한 것이다. 시장의 무질서로 법까지 통원해야 하는 우리 식품산업의 수준이 부끄럽기만 하다. 물론 소비자에게 이런 마케팅 논리가 통하기 때문에 계속 일어나는 일이긴 한데, 소비자들이 첨가물에 대해 나쁜 이미지를 갖게 된 것도 결국 노이즈마케팅을 시작한 기업이다.

자사의 제품을 광고할 때 경쟁우위의 강점을 내세우는 포지티브 마케팅으로 가야지 경쟁제품을 비방하는 네거티브 전략으로 소비자를 불안케 만드는 행위는 자제되어야 한다. 사실 허가된 첨가물을 넣은 제품을 폄하하는 행위가 얌체 짓이라는 것은 상식이고, 상도의에도 어긋난다. 매출만을 위해 소비자를 현혹시키지 말고 올바른 정보에 기반한 '무첨가 식품' 시장이 구축돼야만 롱런할 수 있다. 이제는 우리나라 식품산업도 세계 10대 강국으로서의 건전한 시장과 성숙한 선진기업 문화를 보여야 할 시기라 생각한다.

• 2-6-3 •

시판 식품의 감미료 안전성

식약처는 2017년 4월 시중에 유통 중인 과자, 캔디 등 가공식품에 실제로 사용되는 감미료의 함량을 조사한 결과 모두 안전한 수준에서 사용됐다고 밝혔다. 감미료 사용기준이 설정된 가공식품 30개 유형(906건)에 대해 허가돼 있는 22종의 감미료 중 생산량과 수입 비중이 높으면서 일일섭취허용량(ADI)이 설정되어 있는 사카린나트륨, 아스파탐, 아세설팜칼륨, 수크랄로스 4종의 사용실태를 조사했다. 조사 결과, 시중에 유통 중인 제품 총 906건 중 243건(27%)에서 감미료가 검출되었으며 모두 기준치 이내로 안전한 수준이었다.

우리 몸은 단 걸 먹으면 행복함을 느낀다고 한다. 이 단맛은 바로 설탕이 주는데, 가난해 영양부족이던 과거엔 보약이던 것이 지금은 칼로리가 높다고 비만이 걱정돼 기피 대상이 됐다. 특히 단맛을 즐기는 사람들, 식도락가, 아름다운 몸매를 추구하는 여성들의 영원한 숙제가 바로 다이어트다. 비만은 비단 한국뿐만 아니라 전 인류의 큰 고민거리다. 미국은 전체인구의 2/3가 과체중이라고 하는데, 비만은 그 자체의 건강상 피해도 크지만, 2차적인 질병을 유발해 국가 전체의 의료비 부담을 늘이고 개개인의 생산성을 저하시키는 인류 최대의 적이라 봐야 한다.

이러한 연유로 최근 설탕보다 강한 단맛을 내면서 칼로리가 거의 없는 인공감미료가 다시 각광받고 있다. 한때 안전성 논란으로 천시 받던 것이 다이어트용 저칼로리식품, 당뇨식, 음료와 주류 등에 광범위하게 사용돼 큰 인기를 끌고 있다. 우리나라에는 삭카린나트륨, 아세설팜칼륨, 수크랄로스, 아스파탐 네 종류의 인공감미료가 허용돼 있다.

인공감미료 하면 사카린인데, 1879년 독일 화학자 콘스탄틴 팔베르크가 우연히 발견한 물질이다. 팔베르크는 '설탕'을 의미하는 라틴어인 '사카룸'에서 이름을 딴 '사카린(Saccharin)'을 특허등록하고 독일로 돌아와 사카린을 대량 생산해 부자가 되었다. 사카린은 설탕보다 약 300배 강한 단맛을 갖는 반면, 칼로리가 없어 효과적인 다이어트 소재로 100년 이상 설탕을 대체해 오고 있다. 게다가 설탕에 비해 약 37배 싼 가격 또한 매력이다.

사카린은 한때 발암물질 논란에 휩싸였지만, 현재는 안전성이 입증되어 정상적인 사용 농도와 방법으로는 인체에 무해하다는 결론에 도달했다. 우리나라에서의 사카린 사용은 1973년부터 허용됐다. 1980년대 후반 새로운 합성감미료인 아스파탐(aspartame)이 개발돼 출시되면서 국내 매스컴에서 사카린 유해론이 불거져 이슈화됐었다.

아스파탐(aspartame)은 아스파르트산과 페닐알라닌 두 아미노산으로 구성돼 소비자의 거부가 없는 저칼로리 감미료이며, 청량음료에 주로 사용된다. 아세설팜칼륨(Acesulfame Potassium)은 백색의 결정성 분말로 설탕보다 200배 강한 단맛을 지닌 무열량감미료로 과일, 채소, 어육의 조림에 주로 사용된다. 수크랄로스(Sucralose)는 설탕을 원료로 합성, 제조되는데, 설탕과 가장 유사한 단맛을 내며, 열량 없이 설탕보다 600배 강한 단맛을 내 인기가 높다. 건과류, 껌, 잼류, 음료류, 가공유, 발효유, 영양보충용식품 등에 사용된다. 이들 감미료는 모두 체내 흡수되지 않고 대부분 배설되므로 혈당치와 인슐린

분비에 영향을 주지 않아 당뇨환자용 설탕 대체제로 좋다.

FAO/WHO합동 식품첨가물전문위원회(JECFA)에서 이들 감미료의 일일섭취허용량(ADI)을 정상인 체중 ㎏당 사카린은 5㎎, 아스파탐은 40㎎, 아세설팜칼륨과 수크랄로즈는 15㎎으로 권장하고 있다. 이번 식약처의 조사 결과, ADI 대비 사카린나트륨은 3.6%, 아스파탐은 0.8%, 아세설팜칼륨은 2.9%, 수크랄로스는 2.1%로 매우 안전한 수준이었다고 한다.

이렇듯 식품을 통한 인공감미료의 섭취량은 매우 적어 인체 건강에 미치는 영향 또한 매우 미미하다. 그러나 일부 소비자들은 여전히 인공감미료를 공포로 생각한다. 이는 소비자들이 첨가물에 대한 막연한 부정적 인식과 불안감을 애초부터 갖고 있는 것도 큰 원인이라 생각된다. 이제는 2017년이다. 부정확하고 무분별한 언론 매체의 정보를 그대로 받아들이지 않고 객관적 평가자료를 활용해 판단할 수 있는 소비자들의 태도 변화가 필요한 시기라 하겠다.

• 2-6-4 •

마약풍선(해피벌룬) 아산화질소의 안전성

2017년 6월 7일 식품의약품안전처와 환경부는 최근 급속도로 성행하고 있는 마약풍선(해피벌룬)의 주원료인 '아산화질소'를 환각물질로 지정하고 향후 오·남용을 방지하기 위한 안전관리시책을 발표했다. 이번 조치는 허용된 의료용, 식품가공용 외 순간적인 환각효과를 목적으로 아산화질소를 오·남용하는 것을 막아 국민 건강을 보호하기 위한 조치라고 한다.

마약풍선(해피벌룬)의 주원료인 아산화질소는 의료용 보조 마취제, 휘핑크림 제조에 사용되는 식품첨가물 등의 용도로 사용되는 화학물질이다. '아산화질소'(nitrous oxide, 亞酸化窒素, N_2O)는 일산화이질소, 산화이질소라고도 불리는데, 약한 향기와 단맛을 지닌다. 이 기체를 흡입하면 얼굴 근육에 경련이 일어나 마치 웃는 것처럼 보여, '웃음가스'(소기, 笑氣, laughing gas)라고도 한다. 그래서 파티나 유흥주점에서 흥을 돋울 때 풍선에 담아 자주 흡입한다고 한다.

1793년 조지프 프리스틀리가 철가루를 가열해 아산화질소를 최초로 발견했지만 이 가스를 실용화한 것은 6년 뒤 영국의 화학자 험프리 데이비였다. 그는 외과의사의 조수를 거친 뒤 브리스틀의 의료 기체 연구소에 들어가 이 기체의 육체적인 고통을 제거하는 힘과 유쾌해지게 하는 속성을 증명하는 실험을 해 '웃음가스'라 명명했고, 『화학과 철학 연구』라는 저서에서 마취제로 쓰이게 될 것을 공언했다.

아산화질소는 질산암모늄을 열분해할 때 생기는 무색투명한 기체로 마취성이 있어 외과수술 시 전신마취에 사용한다. 일반적으로 독성과 자극성이 약해 안전한 물질이며 산소가 20%나 혼합돼 사용되긴 하나 지나치게 많이 흡입할 경우, 산소결핍증(저산소증)을 유발하고 심할 경우 사망에 이를 수 있는 위험한 물질이다. 이에 안전 당국은 경각심을 가지고 허용된 용도 외 풍선을 활용한 흡입을 삼가할 것을 당부하고 있다.

아산화질소 오 · 남용에 대한 건강상 우려에 대한 조치로 정부는 강력한 안전관리 대책을 내놨다. 우선 식약처는 의료용과 식품가공 시 사용되는 식품첨가물용 이외 흡입 용도로는 유통 · 판매되지 않도록 안전관리를 강화했다. 식품첨가물용아산화질소에는 '제품의 용도 외 사용 금지'라는 주의문구를 표시토록 했으며, 의약품용에는 '의료용'으로 표시해 의료기관에만 공급되도록 규정하고, 개인에게의 유통은 불법이라 「약사법」에 따라 처벌된다.

이 아산화질소를 환경부의 「화학물질관리법」에서도 환각물질로 지정할 경우, 의약품 외 다른 용도로 아산화질소를 흡입하거나 흡입을 목적으로 판매하는 것이 금지된다. 현행 시행령에는 '톨루엔, 초산에틸, 부탄가스 등'이 환각물질로 정해져 있어 흡입이 금지돼 있고, 이를 위반할 경우 3년 이하의 징역 또는 5천만 원 이하의 벌금에 처해진다. 즉, 환각물질인 아산화질소를 풍선에 넣어 판매하는 행위는 경찰의 단속 및 처벌 대상이다.

정부의 이와 같은 조치는 매우 적절하다고 생각된다. 그러나 식약처와 환경부 등에 분산된 다원화된 안전관리 기능은 정부의 신속하고 단호한 정책적 판단에 걸림돌이 될 가능성이 크다. 의료용 환각물질이며, 식품첨가물 용도로 사용되는 아산화질소가 의약품과 식품의 안전성을 책임지는 전문부처인 식약처에서 일괄 관리되지 못하고 환경부가 소관부처인 「화학물질관리법」에 분산 관리돼 있어 안전관리의 효율성이 여전히 떨어진다는 우려가 제기되고 있다.

이번 '마약풍선(해피벌룬)' 사건은 옥시가습기살균제 사건과 같은 참사급의 대규모 안전 이슈도 아니고 사전 예방관리 성격의 선제적 안전관리 대책이라 무리가 없었고 다행히 잘 넘어가고 있다. 그러나 다시는 가습기살균제와 같은 재앙이 발생하지 않도록 이참에 「화학물질관리법」을 포함 생활용품 중에도 식의약품 안전과 관련된 모든 것들을 식약처에서 통합 관리토록 해 명실상부한 식의약품 안전관리 행정체계의 일원화를 완성하기를 바란다.

• 2-7-1 •

농약 PLS 바로알기

안전사용기준이 설정된 농약만을 사용하도록 관리하는 '농약 PLS(허용물질목록 관리제도)'가 2019.1.1부터 전면 시행되는 것에 맞추어 수입업체, 국내 농가, 식품업계가 난리가 났다. 이는 기준이 정해지지 않은 농약에 대해 불검출 수준(0.01㎎/kg, ppm)으로 관리하는 제도로서 2016년 12월부터 견과종실류(호두, 아몬드, 커피, 카카오 등)와 열대과일류(바나나, 파인애플 등)를 대상으로 실시해 왔고, 2019년부터는 채소, 과일 등 모든 농산물로 확대 적용됐다. 또한 축산물, 수산물 PLS도 순차적으로 적용된다.

'농약잔류허용기준'이란 농작물 재배 시 사용한 농약이 최종제품에 잔류하며 인체 건강상 악영향을 주지 않는 수준으로 정부가 허용한 수치다. 이 제도는 생산자가 병해충 방제에 최소한의 농약만을 사용토록 해 국민 건강을 보호하자는 바람직한 제도다. 2018년 3월 20일 기준 농산물에 469종(207품목), 사료 포함 축산물에 84종(36품목)의 농약잔류허용기준이 설정돼 있고 농·축산물과 이를 원료로 사용한 가공식품 모두가 해당된다.

잔류허용기준이 설정되지 않은 농약이 식품에 0.01㎎/kg을 초과하여 잔류할 경우 수입이 금지된다. 그러나 등록돼 있진 않으나 수출국에서 합법적으로 사용하는 농약이라면 '수입식품 중 농약 잔류허용기준(IT)' 신청을 통해 잔류허용기준을 설정하면 된다.

농약 PLS는 농약의 오남용으로부터 국민의 건강을 보호하기 위해 국내외에서 사용이 등록돼 잔류허용기준이 설정된 농약 이외에는 사용을 금지하는 제도로 현재 유럽연합(EU), 일본, 대만 등에서 시행 중이다. 미국, 캐나다, 호주 등 에서는 유사한 제도로 기준이 없을 경우 '불검출(zero tolerance)'을 적용하고 있어 어쩌면 우리보다 더 엄격한 제도를 운영하고 있다고 볼 수 있다.

이 제도는 국내에서 사용되는 70~80%의 농산물을 수입에 의존하는 우리 상황에 확인되지 않은 농약이 무분별하게 사용되는 걸 우려해 수입식품의 안전관리 목적으로 도입한 어쩔 수 없는 선택으로 생각된다. 그러나 국내산 농산물도 국제 무역 질서상 이 제도를 따라야 하기 때문에 국내 농민들은 불편할 수밖에 없고 그동안 해 오던 관행을 바꾸기 싫어 불평이 이만저만이 아니다.

이 PLS 제도가 지금 떠들썩해졌다고 해 우리나라에서 이제야 소개된 것은 아니다. 10여 년 전부터 시행을 예고해 왔기 때문이다. 사실 그동안 등록된 농약을 사용했고, 사용방법, 시기, 횟수, 사용량과 허용기준을 잘 지켜 온 선량한 농민들과 수입업자, 식품기업에게는 전혀 두려울 것이 없다. 다만, 이를 무시하고 미등록 농약과 양에 대한 개념 없이 주먹구구식으로 농사를 짓던 농민들이나 수입업자, 식품기업들에게는 불편하고 행정처분이 두려울 수밖에 없을 것이다.

다만 열심히 노력하고 이번 시행에 준비를 철저히 해 온 생산자나 산업 역군들에게도 불편함을 주고, 불이익을 주는 일은 없는지 꼼꼼히 살펴볼 필요가 있다.

다행히도 식약처에서 신규 농약 잔류허용기준 신청절차를 신속 · 간소화해 식품기업들의 신청 노력과 비용을 줄여 주고자 노력하고, 등록 농약 또한 그룹핑해 한 번에 여러 농약을 하나의 군으로, 유사한 식품군을 묶어 추가 허용해 positive list를 조속히 확대하는 방안, 현재 370종이 가능한 다성분 동시 분석 대상 농약의 400종 이상으로 확대, 토양 유래 등 비의도적 오염 농약기준의 설정, 엽채류와 곡류 등 소면적 재배작물에 대한 예외 인정, 인삼 등 다년산 작물의 예외 인정, 이해 당사자인 생산자, 식품업계뿐 아니라 전 국민을 대상으로 커뮤니케이션 강화 등의 노력을 하고 있으니 기대해 보자.

그러나 우리 농민단체들은 시행 유예기간을 더 달라, 10년 후에 시작하자 등 많은 건의를 하고 있으나 우리 농민들의 그동안의 행동을 미루어 볼 때 지금 시작하지 않으면 다음은 없다고 본다. 게다가 이번 농약 PLS제도의 주 타깃은 수입식품이므로 계획대로 내년에 시행하는 것이 좋다고 본다. 다만 시행은 하되 행정처분을 당분간 계도 등으로 완화시켜 운영하거나 기준 위반 부적합 수입식품의 처리문제 등 세세한 시장의 건의사항을 적극 반영하면서 연착륙할 수 있도록 유연성을 발휘할 때라 생각한다.

• 2-7-2 •

농약맥주, 제초제 글리포세이트 검출사태

2019년 4월 미국 발 맥주와 와인에서 제초제 글리포세이트가 검출돼 소비자들의 우려가 증폭되고 있다. 이에 식약처는 미국 공익연구단체(Public Interest Research Group, PIRG)가 발표한 20개 주류 제품(맥주 15종, 와인 5종) 중 국내 수입되는 맥주 10종, 와인 1종과 국내 유통 중인 수입맥주 30개 제품 등 총 41개 제품에 대해 즉각 글리포세이트 모니터링을 실시한 결과 모두 '불검출'로 확인됐다고 밝혔다. 작년 5월 실시했던 국내 제조 · 유통 중인 맥주 10개 제품에 대한 글리포세이트 모니터링에서도 불검출 됐었다. 이번 글리포세이트 검사는 국제 공인시험법인 질량분석법을 사용했으며, EU · 일본 등의 관리기준인 10ppb(0.01㎎/㎏)를 불검출 수준으로 적용했다.

금번 미국에서 이슈화된 '농약맥주' 사태는 2016년 독일 맥주에서 글리포세이트가 검출되면서부터 이미 예견된 일이다. 같은 해 우리나라에서도 수입된 미국산 시리얼 '퀘이커 퀵 오츠'에서 기준치 이상의 글리포세이트가 나와 전량 회수된 일이 있었다.

'글리포세이트(Glyphosate)'는 1974년 몬산토가 개발한 제초제 라운드업(Roundup)의 주요 살충성분인데, 2000년에 몬산토사의 독점권이 해제돼 다른 기업들도 글리포세이트 계열의 제초제를 만들어 팔기 시작하면서 급성장했다. 이는 이 세상에서 가장 많이 사용되는 농약인데, 매년 5억 톤 정도가 사용된다. 글리포세이트는 식물체의 뿌리를 통해 흡수돼 영양성분과 생합성 작용을 하는 특정 효소를 선택적으로 공격해 잡초의 영양 공급을 차단함으로써 말라죽게 한다.

그동안 수많은 안전성 연구결과, 글리포세이트는 다른 농약과 마찬가지로 "지침대로만 사용한다면 인체에 안전하다"는 결론을 얻어 오늘에 이르고 있다. 유럽 식품안전청(EU/EFSA), 미국 환경보호청(EPA), 일본 식품안전위원회, 호주/뉴질랜드, 우리나라 등 세계 전역에서는 글리포세이트를 식이 섭취로 인한 발암성이 없는 물질로 평가해 살충제로 허용하고 있다.

그러나 이 글리포세이트는 안전성 논란에 휩싸여 현재 전 세계적으로 가장 핫한 살충제 성분이 됐다. 2015년 국제보건기구(WHO) 산하 국제암연구소(IARC)가 글리포세이트를 2군 발암물질(Group 2A) 즉, 인체발암추정물질로 발표했기 때문이다. 또한 작년 8월엔 美 캘리포니아주 법원이 라운드업을 사용하다가 암에 걸린 소비자에게 몬산토 측은 2억 8,900만 달러(약 3,355억원)를 보상하라고 판결하면서 글리포세이트 논란이 증폭됐다. 프랑스 리옹 지방법원도 프랑스 환경청이(ANSEE)이 2017년 승인한 글리포세이트를 주원료로 하는 제초제 '라운드업 프로 360'의 판매승인을 잠재적 건강위험을 검토하지 않았다는 이유로 취소한 바 있다.

이렇듯 글리포세이트는 안전성 우려가 워낙 큰 물질이라 해외 기사임에도 불구하고 국내에서까지 공포의 이슈로 부상했다. 식약처의 신속한 대처로 국내 유통되는 맥주가 제초제 글리포세이트로부터 안전한 것으로 확인되긴 했지만 소비자의 불안감은 여전하다. 맥주를 마셔야 하나 말아야 하나? 요즘 수입맥주가 가성비가 높아 인기가 높은데, 국산 맥주로 바꿔야 하나? 다른 술을 선택하면 괜찮은가? 소비자들의 생각이 깊어진다.

맥주의 맥아, 호프 재배뿐 아니라 밀, 옥수수, 콩 등 현재 재배되는 전 세계 작물의 거의 절반이 바로 이 글리포세이트를 살충제 원료로 사용하고 있고 빵, 시리얼, 과자에서도 글리포세이트가 검출돼 소비자들의 우려와 걱정이 매우 큰 상황이다. 글리포세이트의 일일섭취허용량(ADI)은 0.8㎎/㎏이다. EU, 일본 등의 불검출 관리기준이 0.01㎎/㎏이므로 이 기준치에 해당하는 맥주를 마신다고 가정할 때 체중 60㎏ 성인의 경우, 매일 48㎎까지 글리포세이트를 섭취해도 안전하다는 말이다. 매일 48㎎의 글리포세이트를 맥주를 통해 섭취하려면 맥주 관리기준치에 해당하는 0.01㎎/㎏의 글리포세이트가 검출된 맥주 4.8톤을 마셔야 한다. 미국서 가장 많이 검출된 칭따오 맥주의 글리포세이트 수치가 50ppb(0.05㎎/㎏)이니 매일 1톤을 마셔야 ADI를 초과해 위험을 주기 시작한다.

현실적으로 시판 중인 맥주의 글리포세이트 검출 수치는 관리기준치 이내의 너무나 미미한 양이라 사람에게 해(害)를 끼치지는 않는다. 사 놓은 맥주를 버려야 할지 술자리에서 맥주를 마셔야 할지 걱정할 필요까지는 전혀 없다는 이야기다. 그러나 검출된 글리포세이트 양이 인체에 무해하긴 하나 사람이 농약을 먹어서 좋을 건 없다. 이것이 소비자들의 생각이다.

안전 당국은 앞으로도 글리포세이트가 기준치를 초과하지 않도록 관리·감독을 철저히 해야 하며, 맥주 제조업체들은 기준치 이내라 하더라도 가능한 검출량을 최소화할 수 있도록 저감화 기술을 도입하거나 원료 선별에 만전을 기울여야 할 것이다. 글리포세이트는 소비자들의 우려가 가장 큰 농약 성분이고 수입맥주의 인기에 힘입어 맥주 소비량도 늘어남에 따라 이참에 법적 기준치의 재검토도 필요하다고 본다.

• 2-7-3 •

중금속의 위해성과 해독식품의 진실

얼마 전 화장품 립스틱에 중금속이 다량 함유돼 소비자를 불안에 떨게 한 보도가 있었다. 또 낙지 머리 카드뮴 사건, 수입 꽃게 납 혼입, 참치 수은검출, 비소 농산물 등 중금속에 오염된 음식도 자주 언론에 오르내린다. 중금속은 몸에 한번 들어오면 잘 빠져나가지 않고 독성이 매우 강한데, 이전 공장폐수, 농약 등으로부터 많은 사람들을 고통 받게 한 적이 있었다. 그래서 소비자들은 '몸에 쌓인 중금속을 제거한다'고 하는 건강식품에 현혹될 수밖에 없다는 것이 현실이다.

중금속(重金屬, heavy metal)은 비중 4 이상의 무거운 금속원소를 말한다. 중독되면 신경 손상은 물론, 발암성, 불임, 실명 등 치명적인 증상을 보인다. 여러 중금속 중에서도 일본 공업화시대에 이타이이타이병, 미나마타병을 유발한 카드뮴과 수은, 납, 크롬이 가장 무섭다. 이는 체내에 흡수되면 거의 배출되지 않고 차곡차곡 쌓여 일정량에 도달할 때 체내에서 독으로 작용하기 시작한다. 뼈 조직에 흡수돼 칼슘을 무력화시키고 혈액으로 이동해 각종 중독 증상을 만들어 낸다. 구토, 설사 등 가벼운 증상부터 신장장애, 세뇨관장애, 행동장애, 뇌손상, 사망에 이를 정도로 치명적이다.

사실 중금속 문제는 전 세계적으로 산업혁명에 의한 공업화시대 이후부터 본격적으로 이슈화됐지만 훨씬 이전부터 납과 수은 등에 의한 중독 사건은 계속 있었다. 나폴레옹은 비소중독으로 사망했고 중종도 비소가 든 타락죽을 먹고 호혹병(狐惑病)에 걸렸었다. 중세 서양에서도 귀족들은 납으로 만든 맥주잔을 많이 사용했고, 신도시를 건설할 때 수도관을 납으로 만들어 사용하면서 많은 사람이 납중독에 시달린 적도 있었다. 우리나라에서도 도자기에 무늬와 그림을 넣을 때 중금속인 유약을 사용했는데, 술이나 김치 등 산성 식품에 의해 중금속이 용출되는 일이 허다했다. 또한 조선시대 기생들이 사용하던 맑고 화려한 색을 가진 화장품도 대부분 중금속이라 기생들은 늙어서 중독으로 고생했다는 이야기도 있다.

요즘 과일과 채소를 갈아서 만든 '해독(解毒)주스(디톡스주스)'가 인기를 끌고 있다. 몸에 쌓인 독소를 배출해 준다고 해 먹기도 하고 다이어트 목적으로도 찾는다. 해독주스의 가격은 일반주스 대비 2~3배 비싸 소비자들의 기대와 믿음이 대단해 보인다. 하지만 이런 주장과는 달리 거의 모든 해독주스는 실제 해독 능력이 없거나 인체 내에서 영향을 줄 정도가 아니라는 것이 문제다.

해독(解毒, detoxification)의 사전적 의미는 "몸 안에 들어간 독성물질의 작용을 없앰"이다. 즉, 이미 몸 안에 흡수돼 체내 축적된 독성물질을 제거하거나 작용을 없애 주는 식품이라야 해독식품이라 칭할 수가 있다. 불행히도 이미 축적되고 흡수된 독성물질을 빼낼 수 있는 음식은 없다고 보면 된다. 그런 효능을 가진 약도 없다. 물론 미세하게나마 제거하는 기능이 있고 시험관에서 그런 작용을 보일 수는 있지만 실제 인체에서 영향을 줄 정도로 강력한 음식은 없다고 보면 된다.

식품이나 환경에 의한 중금속, 환경유래 오염물질에 대한 노출은 흡착제, 석회석 등을 이용해 부착, 제거함으로써 체내에 흡수되는 것을 줄일 수는 있다. 삼겹살과 미역, 다시마와 같은 해조류가 중금속 제거에 효과가 있다고 알려진 속설은 사실상 중금속이나 환경유래 독성물질에 오염된 식품과 함께 섭취했을 때 중금속의 인체 흡수율을 줄여 준다는 것이지 체내에 이미 축적된 중금속이나 독성물질을 배출시켜 주는 것은 아니기 때문이다. 과일이나 채소의 식이섬유도 마찬가지 효과라 보면 된다.

시중에 나와 있는 해독주스란 과채류에 들어 있는 미량의 농약, 중금속, 자연독 등의 흡수를 줄여 줘 독성물질에 노출되는 정도를 줄여 주는 예방적 성격이기 때문에 엄밀히 이야기하면 해독주스라 해서는 안 된다. 중금속은 우리 몸에 전혀 도움이 되지 않으며, 이익을 위해 어쩔 수 없이 먹어야 하는 첨가물도 아니다. 섭취를 안 할 수만 있다면 안 하는 게 최선이다. 사람의 몸에 축적된 중금속을 효과적으로 제거하는 방법이 아직 없기 때문에 평소 조심하고, 체내에 축적되지 않도록 예방하는 것이 최선이다. 시중에 팔리고 있는 해독식품은 모두 근거 없는 환상이라고 보면 된다.

• 2-7-4 •

노니 쇳가루 안전문제 논란

작년 다양한 효능 · 효과를 내세우며 판매중인 '노니분말 및 환 제품'에서 쇳가루인 금속성 이물이 다수 검출되자 2019년 3월 식약처는 이를 국민청원 안전검사 대상으로 선정해 유통 중인 412개 제품을 점검했다. 노니분말은 원료 및 제조공정에 따라 과채가공품, 기타 농산가공품, 기타 가공품 등 다양한 유형으로 수입 또는 제조 · 판매되는데, 금속성 이물, 오염지표 미생물, 의약품 성분 23종의 불법 혼입 여부, 건강기능식품 오인, 질병 예방 · 치료효과를 표방하는 등의 허위 · 과대광고 행위를 점검했다고 한다.

최근 방송된 채널A '나는 몸신이다'에서 '염증 개선의 왕'이라는 제목으로 노니를 소개했다. 남태평양 지역에서는 노니를 '신이 준 선물, 진통제 열매'라 부르며 민간치료에 다양하게 이용한다고 한다. 또한 노니는 비타민, 미네랄이 풍부해 항암효과가 뛰어나며 강력한 항산화 작용으로 염증 관리에도 도움을 준다고도 한다. 또한 MBN '천기누설'에서도 노니분말을 차세대 슈퍼푸드, 다이어트 식품으로 소개했다. 노니가 체중감량, 피부노화방지, 해독작용, 콜레스테롤 수치 완화에 효능이 있다고 하며 분말로 우유나 요구르트에 타먹거나, 원액을 물에 타서 주스로 마시도록 소개했다. 그러나 과다 섭취 시 구토와 설사, 간부전 등의 부작용이 있을 수 있고 신장질환자는 섭취를 삼가는 것이 좋다고 경고했다.

이런 방송의 영향으로 노니는 홈쇼핑 등에서 건강식품으로 폭발적으로 판매되고 있다. 2016년 수입량은 7톤에 그쳤지만, 2018년 280톤으로 급증한 것만 봐도 그 인기를 알 수 있다.

노니(Noni)는 꼭두서니과에 속하는 상록관목으로 인도에서는 인도뽕나무, 중국에서는 바지티안, 카리브해안에서는 진통제나무, 호주에서는 치즈과일, 타히티 섬에서는 노노라고도 한다. 대개 화산 토양에 뿌리를 내리고 자라는데 인도, 호주, 중국, 남동아시아 등지가 원산지다. 노니의 열매는 약 10㎝ 크기로 감자처럼 생겼으며, 표면이 울퉁불퉁하고 여러 개의 작은 갈색 씨가 들어 있고, 익으면 역한 냄새가 난다. 노니의 열매는 약용으로 많이 이용되는데, 식품으로는 주스, 분말, 차 등으로 가공된다.

실제 노니는 트라퀴논, 세로토닌 등의 성분이 있어 소화 작용을 돕고 통증을 줄여 주며 고혈압과 암 등에도 효과가 있다고 한다. 당뇨병, 심혈관 질환, 두통, 관절염 등에도 도움이 되고 항산화 물질이 풍부해 노화예방에도 도움이 되며 해독 작용도 있다고 일부 과학자들이 이야기하고 있으나 사실상 이를 뒷받침할 근거는 없으며, 부작용도 만만찮다는 것이 중론이다.

노니 복용 시 설사나 변비에 걸릴 수 있고 안트라퀴논 성분 때문에 과 복용 시 간과 신장에 좋지 않다고 한다. 2004년 8월 美 식약청(FDA)은 「연방식품 · 의약품 · 화장품법(FD&C Act)」 위반 혐의로 플로라(Flora)社에 경고장을 보낸 적이 있었다. 이 회사는 노니를 의약품으로 소개했으나 노니주스에 대해 안전성과 임상적으로 효능이 검증되지 않은 건강효과를 주장했기 때문이다. 유럽연합(EU)의 경우 타히티안 노니주스의 안전성 검증을 실시한 후, 2002년 이를 신(新)식품(novel food)으로 승인한 바 있으나 노니주스의 건강효과를 인증한 건 아니었다.

작년 수입 노니분말 제품에서 쇳가루가 검출되면서부터 국민의 안전성 우려가 커졌다. 식약처는 지난해 12월부터 베트남, 인도, 미국, 인도네시아, 페루 등 5개국에서 노니를 50% 이상 함유하는 분말제품을 수입할 때 반드시 금속성 이물을 검사토록 '검사명령'을 시행했다.

또한 식약처는 올 3월 이를 국민청원 안전검사 대상으로 정해 노니분말과 환 제품 총 88개를 수거 검사한 결과, 22개 제품이 금속성이물 기준(10㎎/㎏)을 초과(16.5~1,602㎎/㎏)해 판매중단 및 회수조치 했다고 한다. 작년 실시했던 검사명령제 덕분인지 수입식품은 1개 품목만 위반했고 21개가 국내 제품이었다. 정제수를 섞어 100% 노니주스라고 속여 판 36개 온라인 쇼핑몰도 적발했으며, 노니에 콜레스테롤 분해와 항암효과가 있다며 만병통치약처럼 과대 광고한 인터넷 사이트 196개에 대해서도 방송통신심의위원회에 차단을 요청했다고 한다. 고시도 개정해 분말, 가루, 환 제품 제조 시 분쇄 후 자력을 이용해 쇳가루를 제거토록 '제조 · 가공기준'도 신설했다.

식약처의 발 빠른 대처로 노니의 안전성을 확보한 것은 시의적절했다. 그러나 이 식품은 쇳가루 등 금속성 이물 기준이 이미 마련돼 있어 제조 · 판매자들은 당연히 법을 지키기 위해 쇳가루 제거 공정을 활용해야만 한다. 해당 기업이 고가의 첨단 제거장치를 도입하든 경제적 여력이 안 돼 손으로 자석을 사용하든, 물에 담가 비중으로 제거하든, 새로운 방법을 개발하든 기준치를 지키면 그만이다. 그 방법과 과정은 기업에 맡겨야 할 부분인데, "1만 가우스 이상의 자석을 사용해 금속성 이물(쇳가루)을 제거토록 제거 장치를 의무화(2019.4.30. 행정예고)"한 조치는 기업에 큰 부담을 주는 과도한 규제라 생각된다.

그리고 TV방송의 영향은 정말로 대단하다. '고지방 다이어트 열풍'으로 한때 버터까지 마트에서 동나게 하고, 렌틸콩을 띄워 '슈퍼곡물' 광풍을 일으키기도 했다. 앞으로는 TV방송의 식품에 대한 기능은 반드시 근거가 뒷받침되도록 제도적 장치를 마련해야 하며, 방송에서 엉터리 이야기하는 함량미달의 전문가, 쇼 닥터들도 반드시 말에 대한 책임을 지워야 한다.

· 2-7-5 ·

'수은 광어 파동'으로 바라본 수산물 안전문제

해양수산부는 지난 2018년 6월 29일 부산시와 수산물품질관리원의 조사결과, 부산 기장군 양식장 3곳에서 국민 횟감인 넙치(광어)가 처음으로 수은 기준치(0.5㎎/㎏)를 초과(0.6~0.8㎎/㎏)해 판매를 중지했다. 어쩌면 작년 해외 정보와 농식품부 · 식약처의 공조로 밝혀져 광풍을 일으켰던 '계란 살충제사건'보다 더 심각하고 소비자에게 우려를 끼칠 수 있는 사건임에도 불구하고 크게 부각되지 못한 것 같아 안타깝다. 양식장에서 넙치(광어)에 수은이 검출된 원인 규명과 재발방지 대책, 문제 발생 양식장에 대한 처벌 등 일련의 조치와 대책이 필요한데도 말이다.

그동안 유해 중금속인 '수은(mercury, Hg)'은 먹이사슬의 상위에 위치한 참치, 다랑어, 황새치 등 심해성 어류에만 다량 검출되는 것으로 알려져 안전관리의 대상이 돼 왔다. 특히 임신부와 어린이에게는 수은 때문에 참치 회 섭취를 주의하라는 경고가 이어져 왔다. 그러나 참치보다 더 많이 먹고 있는 국민 횟감, 광어는 수은 기준치를 초과했음에도 불구하고 출하 금지조치만 내린 채 시중 횟집에 이미 공급돼 팔리고 있는 것을 리콜 명령도 내리지 않았다. 게다가 사흘이나 뒤늦게 발표해 해수부의 늑장 대응이 비난의 도마 위에 올랐다.

해수부의 수산물 안전관리에 대한 입장은 과거부터 늘 생산자 위주였다고 생각된다. 안전사고가 발생하면 소비자의 건강 피해보다는 수산업계의 피해를 고려해 숨기거나 발표 시기를 늦춰 왔다. 올해 3월 통영 · 거제산 굴에서 노로바이러스가 검출됐을 당시에도 해수부는 이를 숨기고 공표하지 않아 논란이 됐었다. 과거 식용 수산물에 사용이 금지된 항균제를 장어 양식어민에게 사용토록 권고해 문제를 일으켰던 말라카잇그린 사건도 있었다. 또한 광어에 기생충인 쿠도아가 발견돼 일본 수출이 수년간 중단된 적이 있었으나 일본 국민들도 먹지 않았던 국내산 광어를 우리 소비자들은 지금까지도 계속 먹어 오고 있다.

수산물의 안전을 위협하는 요인으로는 병원성 세균, 바이러스, 기생충 등 생물학적 요인과 항생제, 중금속, 잔류화학물질, 자연독 등 화학적 요인이 있다. 이번에 광어에서 나온 기준치 초과 수은은 신장과 간 조직에 손상을 주는 인체에 치명적인 중금속이다. 과거 수은의 독성에 대한 경각심을 불러일으켰던 대표적인 사건은 일본의 '미나마타병'이다. 1950년 일본의 구마모토현 미나마타만 상류의 화학공장에서 촉매로 사용했던 염화제2수은이 폐수에 섞여 방출되면서 메틸수은으로 전환돼 그 지역 어패류 체내에 축적됐고 이를 먹은 주민들이 신경장애를 일으키면서 사망에까지 이르게 된 집단 수은중독 사건이었다.

전 세계적으로 어패류를 먹을 때 가장 문제가 되는 것이 '메틸수은'인데, 이는 지용성이 커 소화관과 폐에 흡수가 잘되며, 중추신경계와 태아 조직에 농축돼 독성을 나타낸다. 특히 수은은 산모를 통해 태아에게 전달되어 뇌 발달에 지장을 주며, 또한 신경장애와 지능저하, 동작이상 등이 발생해 선천적인 미나마타병으로 태어날 수도 있다. 산업 활동으로 발생하는 수은은 하천이나 강으로 흘러들어가 해양생물의 몸속에 축적되는데, 먹이사슬에 따라 참치와 같이 몸집이 큰 어종에 보다 많이 쌓인다. 그러나 광어는 양식이라 수은오염이 사료나 물로부터 왔을 것으로 보인다.

식품안전 책임 부처인 식약처에서 양식장 생산단계의 수산물 안전관리를 여전히 해수부에 위탁 중이라 제대로 관리가 될지 위태위태해 보인다. 진흥 부처인 해수부에서 생산·공급자를 제대로 견제하는 것이 결코 쉬운 일이 아니기 때문이다. 식품안전 문제는 제조나 유통단계보다는 대부분 생산단계에서 원료 유래로 발생해 이 부분의 관리가 가장 중요한 역할을 한다.

우리나라는 국민 1인당 연간 수산물 소비량이 세계 1위이며, 수산물 수입 증가율도 세계 3위를 차지할 정도로 수산물을 좋아하고 많이 먹는 나라다. 특히 횟감 생식을 좋아해 어패류를 통한 수은 노출량이 다른 나라에 비해 높다. 이왕 광어의 수은 위험성이 부각된 마당에 다시는 이런 사건이 재발하지 않도록 정부와 수산업 관계자들의 적극적인 생산관리 및 예방 노력, 소비자를 대상으로 한 섭취 주의에 대한 홍보가 필요한 시점이라 생각된다.

키워드2-8 식중독

• 2-8-1 •

2019 우리나라 식중독 발생 감소 추세

식품의약품안전처는 2019년 식중독 발생건수가 최근 5년(2014~18년) 평균보다 14.7%(355건 → 303건), 식중독 환자는 44.8%(7,552명 → 4,169명) 감소했다고 발표했다. 환자 100명 이상 대형 식중독 발생이 최근 3년간 10~19건에서 2건으로, 대형식중독 환자수도 3,268명에서 268명으로 크게 줄었다. 그리고 음식점 식중독 발생도 크게 감소한 것이 눈에 띈다. 최근 5년간 식중독 보고 환자 수 7천 명 수준을 잘 유지해 왔으나, 제 작년인 2018년에 2천여 명의 초코케이크 살모넬라 오염사건으로 환자수가 11,504명으로 크게 증가된 것에 비하면 4,169명으로 약 1/3로 감소된 것이라 반가운 소식이다.

2020년 초 중국 발 아프리카 돼지열병에 이어 신종 코로나 바이러스로 온 세상이 난리다. 이는 글로벌 식품교역의 지속적 증대, 교통의 발달로 지구 전체가 하나의 국가처럼 가까워졌기 때문이다. 어느 한 나라에서 발생한 생물학적, 화학적 위험의 발생이 순식간에 지구 전체로 확산돼 더 이상 남의 집 불구경이 아닌 시대가 되었다. 5G시대를 맞이해 SNS 등 정보전달매체의 발달과 함께 식품안전 이슈의 글로벌 확산과 사고의 대형화가 지속될 것이다.

얼마 전 독일발 맥주와 와인에서 제초제 글리포세이트가 검출된 사건이 있었는데, 순식간에 전 세계로 확산돼 우리나라에서도 떠들썩했었으며, 맥주 소비도 급감한 적이 있었다. 2017년 살충제 계란 광풍 또한 벨기에와 네덜란드, 독일 등 유럽에서 시작돼 우리나라를 포함한 전 세계로 급속히 확산된 경우였는데, 계란에서 검출된 농약 DDT는 과거 식량 증산을 위해 살충제를 마구 뿌려대던 시대부터 오염된 토양으로부터 유래됐다는 증거도 있다. 최근 코로나-19 바이러스 감염도 전 세계를 강타하고 있다.

식품에 오염되는 위해요소(hazard)는 생물학적, 화학적, 물리적 인자가 있다. 이 중 생물학적 위해요소는 곰팡이, 세균, 바이러스 등의 미생물과 기생충, 원충 등의 생물체를 포함한다. 1990년 이후부터 농약, 중금속 등 화학적 위해의 안전관리가 성공적으로 진행되며 제어가 어려운 토양과 물로부터 기인된 곰팡이, 병원성 세균, 바이러스 원충 등 생물학적 위해가 부상하기 시작했다. 최근 초코케이크 살모넬라 사건, 유럽발 병원성 대장균, 수산물 콜레라, 통조림 런천미트 등 세균 문제가 급증하고 있고, 구제역, AI(조류독감), 아프리카 돼지열병, 노로바이러스 등 바이러스성 위해도 예방이 어려워 당분간 생물이 문제가 될 것으로 예상된다.

이런 바이러스 등 생물학적 위해는 농수축산물 원료 유래 또는 사람에게서 교차 오염되므로 완전 예방이 불가능하다. 지금 이 순간에도 생물학적 위해는 미국, EU, 일본 등 안전 관리 최고 선진국에서도 발생하고 있고 언제든 국경을 넘을 수가 있다는 것을 늘 염두에 두고 대비해야 한다. 이러한 식품의 안전을 위협하는 위해요소의 관리가 엄격하게 시행되어야 하고 과학적 안전관리시스템도 철저히 활용돼야 한다. 특히, 식품에 대해서는 그간 화학적 위해에 집중됐던 안전관리 인프라를 생물학적 위해관리로 상당부분 전환해야 한다.

식품에서 발생하는 오염원 제어를 위해 선진국에서는 '농장에서 식탁까지(Farm to Table)', '농장에서 포크까지(Farm to Folk)' 토탈 안전관리정책을 추진하고 있다. 식품의 오염원은 대부분 원료 유래라 농장에서 시작되므로 1차 산업(농업용수, 수확, 도축, 생유가공)부터 관리를 시작해야 하며, 가공, 제조, 저장, 유통, 판매까지 푸드체인 전반의 위생관리가 필요하다. 특히 생산 · 제조업체에서는 효과적인 살균, 저감화 기술을 반드시 도입해야 하며 유통업체도 콜드체인, 이력추적, 과학적 감시시스템 도입이 필요하다.

지금의 소비자는 과학적 안전(安全)을 넘어 안심(安心) 식품까지 요구하고 있고, 식품안전에 대한 국가책임도 보다 강조되고 있다. 식품안전은 사람의 생명과 직결되므로 규제가 가장 중요해 정부의 식품위생행정이 식품안전 확보에 가장 큰 영향을 끼치는 것이 사실이다. 그러나 식품 생산 · 유통업체의 노력과 윤리의식, 소비자의 단결과 실천이 더해져야만 한다. 앞으로 우리나라 식품 안전관리의 기본방향을 '안전 규제의 지속적 강화', '식품안전의 수혜 대상을 생산자가 아닌 소비자로 인식하는 행정', '식품 안전관리를 생산 · 수출국이 아닌 수입국 입장으로 인식'에 두어야 한다. 무엇보다도 법(法)보다 더 강력한 식품안전 확보 수단은 '능동적이고 적극적인 소비자의 행동'일 것이다.

• 2-8-2 •

초코케이크 학교급식 대규모 살모넬라 식중독 사건

2018년 9월 전국 55개 학교에서 2,207명의 살모넬라 식중독 환자가 발생했다. HACCP인증업체인 더블유원에프엔비가 풀무원푸드머스를 통해 전국 175개 학교 등 총 190 곳에 납품한 '우리 밀 초코블라썸케이크'가 원인으로 밝혀졌다. 역학조사 결과 환자 가검물, 학교 보존식, 납품 예정인 완제품, 원료인 난백액에서 모두 유전자 지문 유형까지도 동일한 살모넬라 톰슨균이 검출됐다고 한다.

미국에서도 살모넬라균으로 난리다. 최근 앨라배마와 테네시에서 14명이 살모넬라균에 감염돼 2명이 입원함으로써 6월 25일부터 9월 6일 종이 포장지에 담겨 판매된 앨라배마산 케이지프리 달걀이 리콜됐다. 과거 미국에서는 살모넬라균에 오염된 계란으로 인해 한 해 2천여 명의 식중독 환자가 발생하고 5억5천만 개의 계란이 회수된 적이 있었다. 또한 미국 내 계란 1만 개당 2개가 살모넬라균에 오염되어 있어 2010년 7월부터 5만수 이상 대규모 산란계 양계장에 살모넬라균 검사를 의무화하는 엄격한 관리가 시행되고 있다.

살모넬라균은 전염병균인 장티푸스균, 파라티푸스균과 식중독균인 비티푸스계 살모넬라균이 있다. 일반적으로 이 균은 포유동물, 파충류, 조류, 곤충 등 여러 동물의 위장관 내에 존재하여 주로 오심, 구토, 설사 등 위장관염을 일으키며 간혹 심한 복통과 발열(38~39℃)을 동반하기도 한다. 살모넬라 오염 계란을 충분한 조리과정 없이 섭취할 경우 식중독의 위험이 있다. 그동안 살모넬라균 중에서도 혈청형에 따라 살모넬라 티피뮤리움과 인테리티디스균이 주요 식중독 원인이었으나 최근엔 살모넬라 켄터키, 더블린 등이 많이 검출되고 있다. 이번 사건에서는 유전적 상관성 분석 결과, 초코케이크 크림의 원료인 난백으로부터 기인된 살모넬라 톰슨균(*Salmonella enterica* subsp. Thompson)이 원인이었던 것으로 최종 확인됐다.

이번 사건의 발단인 우리 밀 초코블라썸케이크 학교급식 대규모 살모넬라 식중독 사건은 식품안전의 기술적, 관리적 측면에서 여러 가지 시사점을 준다.

첫째, 생물학적 위해인 세균성 식중독은 100% 완전 예방이 불가능하다. 고의성이 없는데다가 살모넬라균과 같은 식중독균은 아무리 위생관리를 잘해도 100% 제어가 어려워 언제든 대규모 식중독사건을 발생시킬 수 있다. 미국, EU, 일본 등 안전관리 최고 선진국에서도, 네슬레, 맥도날드, CJ, 풀무원 등 세계 최고 수준의 대기업에서도 언제든 터질 수 있고 이를 인정해야 한다.

둘째, 대부분의 세균성 식중독은 농수축산물 등 원료 유래로 발생한다. 이번 사건도 초코케이크의 크림에 사용된 계란이 살모넬라 오염원이다. 결국 제조, 유통보다 농장 등 생산단계 안전관리에 더욱 신경을 써야 한다는 것이다.

셋째, 원료 유래로 자주 발생하는 생물학적 위해는 반드시 철저한 '살균과정'을 거쳐야 한다. 초코케이크의 크림에 사용된 계란 난백이 저온으로 살균됐다고 한다. 살균될 정도의 온도로 가열하면 계란이 익어 버린다. 생 계란의 품질과 물성을 유지하며 살균하기 위해서는 비가열 살균을 해야 하는데, 우리나라 식품위생법에서는 가열과 방사선조사만을 살균법으로 인정하고 있어 선진국에서 많이 활용되고 있는 초고압, 광살균, 플라즈마 등 다양한 비가열 살균법의 활용도 고민해야 할 때라고 생각한다.

넷째, 이번 사건은 HACCP 인증업체의 제품에서 발생했다. HACCP도 100% 완전무결한 안전관리체계가 아니라는 것을 명심해야 한다. 어차피 이제부터는 정부의 과도한 의무화 정책으로 절반 이상의 농장, 제조업체가 HACCP 인증업체라 확률 상 HACCP 업체의 식중독 사건 발생 가능성이 더 높다. 그리고 아직도 상당수의 중소식품업체들은 생산성과 비현실적 계획, 불편함 등으로 지정 당시 계획했던 HACCP 프로그램대로 생산, 제조, 관리하지 않는 관행도 문제라 생각한다.

다섯째, 냉동식품은 냉동상태로, 냉장식품은 냉장상태로 보관 · 유통되지 않으면 오염된 세균이 급격히 증식할 수 있어 식중독을 일으킬 가능성이 높다. 운반 트럭도 '냉장 · 냉동관리'를 철저히 해야 하며, 급식소에서도 해동 시 냉장보관하지 않고 상온에 방치 또는 오랜 시간 보관하다가 급식했다면 더더욱 문제 발생 가능성이 높아진다. 우리나라도 이참에 냉장 · 냉동식품 콜드체인 유통시스템의 대대적인 점검이 필요하다고 본다. 또한 사람이 하는 감시는 한계가 있다. 과학적 온도감시자인 '시간-온도 지시계(Time-Temp. Indicator, TTI)'를 식품포장에 도입해 냉장식품이 보관온도와 유통기한을 벗어나거나 냉동식품이 해동됐을 때 색깔 등으로 경고를 줄 수 있는 이중 감시 장치의 도입도 고려해 볼 만하다. 포항시가 미생물 문제로 골머리를 앓던 과메기의 품질과 안전성 확보를 위해 TTI를 도입해 유통 온도를 철저히 관리하는 사례도 있다.

여섯째, 책임 문제다. 이번 사건은 제조업체, 유통업체, 급식소, 안전관리 당국 모두에게 책임이 있다고 본다. 물론 1차적으로는 살모넬라균이 제품에 오염돼 있었기 때문에 발생한 것이라 제조업체에 가장 큰 책임이 있다. 그러나 제품의 입고 시 검수, 운반, 보관 시 냉동제품의 온도관리를 소홀히 한 유통업체도 책임이 있다. 냉동케이크를 해동해 급식 전 상온에 얼마나 오랫동안 보관하다가 제공했느냐도 매우 중요하다. 만약 학교 급식소에서 냉동케이크를 해동해 상온에 적어도 수 시간 보관했거나, 혹시라도 전날부터 상온에 내놓고 해동, 방치했다면 큰 책임이 있다고 본다. 안전관리 당국도 일정 부분 책임을 면하기 어렵다. 특히나 HACCP 인증업체에서 제조된 제품이고 공공기관인 학교 급식소에서 일어난 사건이라 더더욱 그렇다.

· 2-8-3 ·

팽이버섯 리스테리아 식중독 사건

올 2020년 3월 9일 미국에서 한국산(Sun Hong Foods, Inc.) 팽이버섯(200g 플라스틱 소포장백)이 긴급 리콜됐다. 美 질병예방관리본부(CDC)에 따르면 2016년 11월부터 지난해 12월까지 리스테리아균으로 인해 36명의 환자가 발생했으며, 이 중 4명이 사망했다고 한다. 또한, 22명을 대상으로 역학조사를 한 결과, 이 중 12명이 한국산 팽이버섯 등 다양한 버섯류를 섭취한 것으로 나타났다고 한다. 이에 우리 정부도 미국으로 팽이버섯을 수출하는 4개 업체를 조사한 결과, 2개 업체의 팽이버섯에서 리스테리아균이 검출됨에 따라, 3월 18일부터 생산 · 유통 과정에서 위생관리를 강화하기로 했다.

리스테리아(*Listeria monocytogenes*) 식중독균은 1980년대 후반 북미, 유럽에서 연속적, 집단적으로 발생해 공중보건학적 문제로 대두되기 시작했다. 1981년 3~9월 캐나다에서 오염된 양배추를 통해 44건의 유산, 사산, 감염된 유아 분만이 발생했었다. 1983년에는 미국 메사추세츠에서 우유를 통한 49명의 환자 발생, 1985년 로스앤젤레스에서 연치즈(soft cheese)를 통한 142명의 환자 발생, 2008년 캐나다에서 샌드위치 섭취 후 12명 사망, 2012년 캐나다 식품검사국이 리스테리아균에 오염된 샐러드 제품을 전면 리콜한 사건 등 많은 사고가 있었다.

반면, 우리나라에서는 1993년 뉴질랜드산 수입 홍합에서 최초로 검출된 이후 국내에서 생산된 우유 원유, 냉동만두, 냉동피자와 미국산 아이스크림 등에서 검출돼 사회적으로 이슈화된 바 있으나 아직까지 *L. monocytogenes* 감염에 의한 식중독 발생 사례는 없었다. 그러나 병원에 입원한 수막뇌염 및 패혈증 환자에서 이 균이 자주 분리되고 있어 향후 집단식중독 발생가능성이 높을 것으로 예상된다.

사람에게 리스테리아증이 발견된 사례는 1923년 미국에서 처음 보고됐다. 리스테리아증은 1980년대 이전까지는 반추동물에서 뇌막염을 일으키는 질병으로 감염동물과 접촉하는 사람에게 산발적으로 발생하는 인수공통전염병으로 알려졌다. 그러나 최근에는 리스테리아에 오염된 식품의 섭취와 감염된 동물로부터도 사람에게 전파될 수 있다고 밝혀졌다. 주된 증상으로 발열, 두통, 구토 등 전구 증상이 흔히 일어나며, 살모넬라증이나 장염비브리오 감염증과는 달리 복통, 설사 등의 위장염 증상은 없다. 리스테리아균 감염은 상당 기간이 지난 후 증세가 나타나며 고열과 심한 두통, 목 마비 등의 증세를 보인다. 특히, 노약자나 면역체계가 약한 사람, 임산부 등에게 위험한데, 일단 감염증을 일으키면 환자의 30%가 사망하는 높은 치사율을 보인다.

이 균은 자연계에 널리 상재되어 있고 0~45℃의 광범위한 온도범위에서 증식하는데, 특히 냉장온도에서도 오랫동안 생존, 증식할 수 있으며 극한 환경에서도 생존이 가능하다. 원인식품으로는 우유, 치즈, 아이스크림 등 유가공품, 가금육, 식육 등 육류 제품, 생선과 어패류, 만두, 냉동식품, 채소류 등이 알려져 있다.

이번에 문제가 된 팽이버섯(*Flammulina velutipes*)은 담자균류 송이과의 버섯인데, 늦가을에서 이른 봄 팽나무 등 활엽수의 죽은 줄기나 그루터기에서 많이 자라 팽나무버섯이라고도 불린다. 한국, 일본, 중국, 유럽, 북아메리카, 오스트레일리아에 주로 분포하며, 겨울에 쌓인 눈 속에서도 자라는 저온성 버섯이다. 버섯 갓은 지름 2~8㎝이며, 갓 표면은 점성이 크고 노란 갈색이며 가장자리로 갈수록 색이 연하며, 살은 흰색 또는 노란색이다.

우리 정부는 이번 사건의 발단이 '식문화 차이'에서 기인한 것이라고 한다. 국내에서는 일반적으로 팽이버섯을 가열 · 조리해 익혀 먹어 현재까지 팽이버섯 섭취로 인한 리스테리아균 식중독 사고는 보고된 바가 없었다. 리스테리아균은 자연 어디에나 존재해 많은 생식품을 오염시킨다. 그러나 우리나라는 팽이버섯을 대개 익혀 먹지만, 미국에서는 주로 신선편의식품 즉, 생으로 섭취하는 샐러드로 먹기 때문에 리스테리아 식중독이 다수 발생하는 것으로 여겨진다.

이에 우리 정부는 올 3월 23일 대규모 생산업체 출하물량부터 팽이버섯 포장에 '가열조리용'을 표시하도록 제도화해 나간다고 한다. 사실 세균오염 문제는 대부분 원료 유래다. 우선적으로 버섯 재배농장에서 리스테리아균이 발생 또는 오염되지 않도록 소독과 위생적 생산에 최선의 노력을 기울여야 한다. 이후 슈퍼마켓, 편의점 등 식품 유통업소에서는 냉동 · 냉장식품 저장 시 철저한 온도 관리, 식육, 생선 등을 다른 제품과 분리 보관하는 등 2차 오염에 주의해야 한다. 소비자도 철저한 냉장온도 관리와 청결 유지 등 위생적 음식 관리 습관을 잘 지켜야 할 것이다. 그동안 육회 등 날고기, 살균하지 않은 우유의 섭취를 삼가야 한다는 것 정도는 알고 있었으나, 앞으로는 팽이버섯 등 버섯류도 꼭 가열 · 조리해 섭취해야 식중독 발생을 예방할 수 있을 것 같다.

키워드2-9 감염병(전염병)

· 2-9-1 ·

유럽의 지속적 광우병 발생

2019년 7월 18일 스페인의 한 농장에서 비정형 소해면상뇌증(BSE)으로 소 1마리가 사망했다고 스페인 농업부가 세계동물보건기구(OIE)에 보고했다. 이는 일명 광우병인데, 올 2월에도 스페인에서 발생한 적이 있다. 해당 '소(牛)'는 2001년 1월 30일에 태어난 암소로 매우 드물게 나이든 소에서 자연적으로 뇌의 연수 및 소뇌 등에서 발생한 사례라고 한다.

광우병(狂牛病, BSE)은 1996년 3월 영국 보건부장관이 인간 감염 가능성을 인정함으로써 전 세계 육류업계에 커다란 타격을 입히기 시작했다. 이는 스크래피(양의 해면양뇌병증)에 걸린 양(羊)의 육골 분을 소(牛)에게 먹여 발병했으며, 어린 소에게 소의 육골 분을 먹임으로써 일파만파 확산되기 시작했다고 알려진다. 사람을 포함한 동물에서 변형 프리온 단백질의 감염으로 야기되는 전염성 프리온 질환은 소의 BSE 외에도 인간의 변형 크로이츠펠트야콥병(vCJD), 면양 및 산양의 스크래피(Scrapie), 밍크의 전염성 뇌염(TME) 등이 있다.

광우병은 1980년대 중반 영국에서 최초로 발생했는데, 지리적으로 가까운 프랑스, 스페인, 포르투갈, 아일랜드, 스위스, 오스트리아, 벨기에 등 주로 유럽 지역에서 발생했다. 이후 확산돼 2001년 일본, 2003년 캐나다에 이어 미국에서도 지난 2003년 12월 광우병이 발견되자 한국을 포함한 12개 무역국에서 미국 쇠고기 수입을 중단했었다. 특히 우리나라는 2004년부터 수년간 미국산 쇠고기 수입을 전면 금지했었다. 그리고 약 10년 전에도 또 한 차례 미국에서 광우병 젖소가 발견되면서 난리가 난 적이 있었다. 물론 우리나라는 30개월 미만의 육우만을 수입하기 때문에 127개월 된 젖소 한 마리에서 자연 발병한 것이라 그리 큰 이슈가 되지는 못했다. 이후 광우병 발병은 1993년을 정점으로 엄격한 안전관리 정책이 시행돼 매년 발생이 감소하는 추세다.

광우병이란 '소해면상뇌증(Bovine spongiform Encephalopathy, BSE)'을 일컫는 말로서 변형 프리온의 감염에 의해 소에게 신경퇴행성 증상을 유발하는 전염성 뇌질환이다. 변형 프리온 단백질이 축적돼 중추신경 조직이 스펀지 모양으로 변하며, 발병하면 미친 소(牛)가 된다고 해서 미칠 광(狂)자를 써 광우병이라 불린다. 4~5세의 어린 소에서 주로 발생하는데 증상은 소의 뇌에 구멍이 생겨 갑자기 미친 듯이 포악해지고 정신 이상과 거동 불안, 보행 장애, 기립 불능, 전신 마비에 이르고 난폭한 행동을 보이는 것이 특징이다. 이 질병은 잠복기가 2~5년으로 매우 길며, 폐사율이 100%인 만성진행성 질병으로 현재까지 백신, 해독제 등 치료법은 없다.

이 질병을 국제수역사무국(OIE)은 B급, 우리나라는 제2종 가축전염병으로 지정하고 있다. 영국에서는 광우병에 걸린 쇠고기를 먹은 사람에게 전염돼 '변종 크로이츠펠트-야코프병(vCJD)'을 유발한 사실도 알려져 있다. 그러나 미국 질병관리센터(CDC)는 광우병의 인체 위험도는 극히 낮다는 입장을 견지하고 있다.

인간 vCJD는 2~8년의 잠복기를 거쳐 다리가 마비되며, 시각장애와 치매에 이어 사망에 이르게 되는 프리온 질병이다. 이에 프리온의 축적이 주로 이루어지는 부위를 특정위험물질(SRM, Specified Risk Materials)로 간주하고 도축 시 철저히 제거하고 있다. 이 SRM은 30개월령 이상의 소에게서 폭발적으로 증가하고, 대부분의 변형 프리온 단백질이 발견되는 부위이기 때문에 SRM을 제거한 30개월령 이하의 소고기만이 '광우병 free'라고 본다.

소비자가 할 수 있는 예방책은 원산지 표시를 확인해 광우병이 발생한 국가의 소고기 구매와 섭취를 피하는 것이 상책이다. 그러나 우리나라에서는 아직까지 BSE가 발생한 적이 없어 국내산 축산물은 안심해도 되나 앞으로도 지속적인 모니터링을 실시해 절대 우리나라에 유입되지 않도록 정부 당국의 노력이 필요하다. 문제의 본질은 소고기 안전(安全)이다. 물론 식품의 안전보다 시장에서 우선시되는 것은 국민의 정서이고 안심(安心)이다. 그러나 과학에 기반한 근거 중심의 안전이 뒷받침돼야 안심이 생길 수 있는 것이라 생각한다. 소고기의 광우병 위험을 과학적으로 검사하고 판단해 소비자에게 투명하게 설명하면 납득이 될 것이라고 본다. 앞으로 정부는 투명하고 일관된 행정을 보여야 하고 과학에 기반한 소비자 대상 커뮤니케이션을 지속적으로 해 나가야 한다.

· 2-9-2 ·

흑사병(페스트)의 역사와 중국에서의 발생

중국에서 쥐벼룩을 매개로 전염되는 흑사병 환자가 발생해 전염 차단에 비상이 걸렸다. 2019년 11월 13일 중국 인민일보 인터넷판 인민망에 따르면, 네이멍구 자치구 시린궈러맹에서 최근 흑사병 환자 2명이 발생했다고 한다. 우리 보건당국도 중국에서 흑사병(페스트) 환자 2명이 발생한 것과 관련해 신속위험평가를 실시한 결과, 국내 유입 가능성은 낮은 것으로 판단해 감염병 위기경보를 현재처럼 '관심단계'를 유지하기로 해 다행스럽다.

'흑사병'(黑死病, plague, The black death)은 페스트균(Yersinia pestis)에 의해 발생하는 급성 열성 감염병(전염병)인데 몸이 새까맣게 변하며 죽어 간다고 해서 붙여진 이름이다. 흑사병은 세균인 페스트균을 보균하는 쥐나 다람쥐에 기생하는 벼룩이 사람을 물 때 전파되는 인수공통 법정감염병이다. 이는 증상에 따라 가래톳 흑사병(bubonic plague), 패혈증형 흑사병(septicemic plague), 폐렴형 흑사병(pneumonic plague)으로 구분한다. 치사율은 30~100%로 매우 높으나 지금은 항생제가 개발돼 있어 치료가 용이하다.

중세 유럽에서는 1347년 흑사병이 처음 창궐해 유럽에서만 7,500만~2억여 명이 사망할 정도로 많은 희생자가 발생해 인류 최고의 공포의 대상이었다. 이 흑사병은 14세기에 중세 유럽 인구의 약 1/3인 2,500만 명의 목숨을 앗아갔던 인류 최대의 적이었기 때문이다. 그동안 전 세계적으로 세 차례의 흑사병이 크게 유행했던 것으로 기록돼 있다. 14세기 중세 발생했던 것이 가장 컸고 그보다 앞선 로마시대에 지중해 지역에서 한 차례 유행했었고, 근래에는 1800년대 말 중국에서 발생해 수백만 명이 사망한 사건도 있었다.

최근에는 아시아, 아프리카, 아메리카 대륙에서 산발적으로 발생하고 있으나 다행히도 국내에서는 발병 보고가 없다. 특히 요즘엔 마다가스카르에서 많이 발생하는데, 2012년 총 256건의 흑사병이 발병해 이 중 60명이 목숨을 잃어 세계 최대 사망자 숫자를 기록하기도 했고 2017년에는 24명이 목숨을 잃었다.

'전염병(傳染病)'은 인류의 역사에 너무나 큰 영향을 주었다. 과거 항생제 등 의약품이 제대로 보급되기 못한 시절엔 그야말로 면역에 의존에 눈 뜨고 죽어 가며 하늘만 바라봐야 했었다. 또한 굿과 푸닥거리, 주술, 종교로 이겨내려 한 적이 많았다. 16세기 천연두는 유럽인들에 의해 신대륙으로 전파돼 중남미 아스텍 제국과 잉카 제국의 멸망에 직접적 영향을 미쳤는데, 흑사병은 반대로 아시아에서 전파돼 유럽 전역을 초토화시킨 사례로 알려져 있다.

원래 흑사병은 중국 서남부 운남 지방의 쥐에게서 많이 발생했던 풍토병이었는데, 14세기 몽골군이 유럽을 침략하는 경로를 따라 아시아의 페스트균이 유럽으로 옮겨 간 것으로 추정되고 있다. 당시 몽골군인 흑사병에 걸려 죽은 군인의 시체를 투석기에 담아 유럽을 방어하던 페도시아란 도시의 성벽 안으로 던져 넣어 일부러 흑사병을 퍼뜨리기도 했다는 기록도 있다. 그리고 실크로드(비단길)를 통한 상인들의 이동과 배를 통한 무역도 흑사병 전파에 큰 역할을 한 것으로도 추정된다. 1347년 흑해에서 출발한 상선들이 첫 기항지인

이탈리아 남부 시칠리아 섬에 닿았을 때 흑사병 페스트균을 보균한 쥐벼룩이 기생하던 쥐가 부두에 묶인 밧줄을 타고 육지로 올라와 병을 퍼뜨리고 다녔다는 기록도 있다.

흑사병은 최근 국내 발생은 없지만, 전 세계적으로는 한해 2,500여 명 정도가 걸리는 퇴치되지 못한 전염병이다. 최근에는 아프리카에서는 콩고, 마다가스카르, 탄자니아, 모잠비크, 우간다 등에서 발생하고 있으며, 아시아에서는 미얀마, 베트남, 인도, 중국, 몽골 등지에서 발생한다. 또 브라질, 페루, 미국 남서부 등 아메리카 대륙에서도 환자 사례가 보고되고 있다.

증상으로는 1~7일(폐 페스트는 평균 1~4일)의 잠복기를 거쳐 발열, 오한, 두통, 전신 통증, 전신 허약감, 구토 및 오심 등의 증상이 나타난다. 페스트 종류(림프절 페스트, 폐 페스트, 패혈증 페스트)에 따라 림프절 부종이나, 수양성 혈담과 기침, 호흡곤란, 출혈, 조직괴사, 쇼크 등의 임상증상도 나타날 수 있다. 시간이 조금 지나면 피부의 조직이 괴사가 돼 손끝, 발끝, 다리 쪽부터 피부가 까맣게 썩어들어 가는 증세를 보인다. 그래서 흑사병(黑死病)이라고 불린다. 그러나 이는 세균성 질환이라 항생제가 개발돼 있으니 치료를 걱정할 필요는 없다.

페스트 감염 예방을 위해서는 중국 등 페스트(흑사병) 발생 지역을 여행할 때 쥐나 쥐벼룩, 야생동물과 접촉하지 않도록 하고 감염이 의심되는 동물의 사체를 만지지 않아야 하며, 발열, 두통, 구토 등의 증상을 보이는 의심 환자와 접촉하지 않아야 한다. 아울러 페스트균에 감염돼도 조기에 항생제를 투여하면 대부분 치료가 되므로 유행지역 여행 뒤 발열, 오한, 두통 등 의심 증상이 발생하면 즉시 의료기관을 찾아가 진단과 치료를 받아야 한다.

• 2-9-3 •

신종 코로나 바이러스(코로나-19) 심각단계 격상에 따른 식품산업의 영향과 소비자의 인식

세계보건기구(WHO)는 2020년 1월 30일 긴급위원회를 열고 中國에서 여러 나라로 확산되고 있는 '우한(武漢) 폐렴'의 원인인 신종 코로나바이러스(COVID-19, 코로나-19)에 대해 '국제적 공중보건 비상사태'(PHEIC)를 선포했다. 그리고 우리 정부도 2월 23일 위기경보를 최고 수준인 '심각'으로 격상했다. 감염병 위기경보는 '관심-주의-경계-심각' 4단계로 나눠진다.

글로벌 식품교역의 지속적 증대, 교통의 발달로 지구 전체가 하나의 국가처럼 가까워졌다. 어느 한 나라에서 발생한 생물학적, 화학적 위험의 발생이 순식간에 지구 전체로 확산돼 더 이상 남의 집 불구경이 아닌 시대가 되었다. 2011년 3월 11일 대규모 쓰나미의 여파로 일본 후쿠시마 제1원전이 폭발하면서 인근 국가 바다의 방사능 오염 우려와 함께 전 세계적 수산물 시장이 타격을 받은 적이 있었다. 2017년 살충제 계란 광풍 또한 벨기에와 독일 등 유럽에서 시작돼 우리나라를 포함한 전 세계로 급속히 확산된 경우였다. 최근 중국에서 시작된 아프리카 돼지열병, 코로나 바이러스도 온 세상을 강타하고 있다.

지난 1월 23일 등록된 '중국인 입국금지 요청'이라는 제목의 우리 청와대 국민청원 게시 글이 게시 나흘만인 1월 26일 오전 4시 13분 정부 답변 기준인 20만 명의 동의를 모았다고 한다. '우한(武漢) 폐렴(肺炎)' 관련 청와대 청원에도 불구하고 우리 정부가 중국 눈치를 보는 사이 코로나-19는 우리나라를 휩쓸어 공포의 도가니로 만들고 있다. 올 1월 9일 현지에서 최초로 사망자가 발생한 것을 시작으로 사망자 및 확진자가 늘기 시작했는데, 2월 말 현재 중국 내 사망자가 2천9백 명이 넘었고, 확진자도 8만5천 명을 넘었다. 우리나라도 2,931명이 확진됐고(2.29 현재) 16명이 사망하면서 의심 환자도 계속 늘고 있는 추세다.

우한폐렴의 원인은 신종 코로나-19 바이러스인데, 아데노바이러스, 리노바이러스와 함께 사람에게 감기를 일으키는 3대 바이러스 중 하나다. 야생 뱀, 박쥐, 천산갑이 숙주로 의심받고 있고, 동물 사이에서만 유행하던 바이러스가 생존을 위해 유전자 변이를 일으켜 사람에게로 넘어오기도 한다. WHO는 이 우한폐렴이 인간 대 인간으로 전염될 가능성도 있다고 발표했다. WHO에 따르면 코로나-19의 전염성(R0 추정치 1.4~2.5)은 메르스(0.4~0.9)보다는 강하지만 사스(2~5)보다는 약하며, 치사율은 약 4%(2.24 현재 3.3%)로 메르스(35%), 사스(10%)보다 한참 낮다. 코로나-19는 약 7일간의 잠복기를 거친 뒤 발열(98%), 기침(76%), 호흡곤란 등의 증상이 나타난다. 대부분 차도가 좋아지나 일부 면역이 약한 만성질환자에게는 중증 폐렴을 유발할 가능성이 있다.

모든 바이러스성 질환이 그러하듯 이번 코로나-19 역시 예방 백신도 아직 개발되지 않았고 치료약도 따로 없다. 환자 상태에 따라 바이러스 공격을 버틸 수 있게 돕는 항바이러스제, 2차 감염 예방을 위한 항생제 투여 등의 치료가 진행된다. 신종 코로나바이러스 감염증에 대한 근본적인 치료제가 없기 때문에 사스(중증급성호흡기증후군)나, 메르스(중동호흡기증후군) 등과 같은 감염증 치료를 위한 항바이러스제로 에이즈(후천성면역결핍증후군, AIDS) 치료제와 인터페론 등을 대체제로 사용한다.

일반 시민들의 예방법으로는 손 씻기를 잘 지키고, 70% 전후의 알코올이나 살균소독제는 바이러스를 사멸시킬 수 있으니 자주 사용하는 것이 좋다. 기침 등 호흡기 증상이 있을 경우 의료기관을 찾아야 하며, 외출 시 공공장소에서는 마스크 착용 등 예방 수칙을 지켜야 한다.

다행히도 음식으로는 전염되지 않으니 특별히 먹는 것까지 조심할 필요는 없다. 그러나 코로나-19 바이러스를 다량 보균하는 야생동물을 섭취한다면 감염이 될 수도 있으니 가능한 야생동물을 섭취하지 않는 것이 좋다. 특히 날고기는 더더욱 섭취해서는 안 된다. 바이러스는 열에 약해 혹시라도 음식에 오염됐다 하더라도 조리 시 사멸되니 전혀 걱정할 필요가 없다. 그리고 지하수나 농업용수 등 오염된 물을 섭취한다면 위험할 수가 있으니 지하수를 먹지 않는 것이 좋고 가능한 끓인 물을 먹는 것이 예방책이다. 세균과는 달리 바이러스는 식품에서는 증식하지 못하니 냉장 · 냉동 보관한다고 해서 안전성이 확보되지는 않는다. 그리고 마늘이나 일부 건강기능식품이 코로나 바이러스 치료에 도움이 된다고 광고하는데, 이는 사실이 아니다. 치료는 불가능하나 면역 증강효과 등으로 감염 예방에는 효과는 있겠지만 이런 경우도 복용량이나 개인차가 커 반드시 효과를 본다는 보장이 없다.

금번 코로나-19 바이러스는 신종이라 사람의 면역체계가 신속히 작동하지 않아 강력한 감염을 유발하는 건 사실이나 다행히도 치사율이 3%정도 낮은 편이다. 특히 40대 이하에서는 영점 대 치사율이고 50대도 1.3%, 60대가 3.6%, 70대 8%, 80대 이상에서 14.8%로 노약자에게만 치명적이다. 기저질환자나 면역이 약한 노약자들은 감염시 폐손상이 있을 수 있고 치사율도 높아 주의를 기울여야 한다. 그러나 정상적인 면역과 건강을 유지하고 있는 사람의 경우 기존보다 2배 정도 센 독감이라 생각하면 되고 지나치게 겁먹을 필요까지는 없다고 생각한다.

• 2-9-4 •

아프리카 돼지열병(ASF) 발생에 따른 식품산업의 대비

2019년 아프리카돼지열병(African Swine Fever, ASF)이 중국을 초토화시키고 있는 가운데, 우리나라를 포함한 국제 돼지고기 가격이 연일 최고가를 갱신하고 있다. 작년 대비 삼겹살 가격이 24%가 올랐고 국제 돼지고기 가격 상승 탓에 3~4월 수입량도 17% 줄었다고 한다. 이는 중국이 바로 세계 최대 돼지고기 소비국(전 세계 49.3%)이자 생산국(47.8%)이기 때문이다. 우리 양돈업계는 바이러스 국내 상륙을 우려하며 초긴장 상태다. ASF는 예전엔 주로 유럽이나 아메리카 대륙 등지에서 발생했는데, 이번에 중국을 강타했다. 중국발 ASF는 작년 8월 20일 중국 북부 랴오닝성에서 처음 발생했고 8개월 후인 지난 4월 21일 중국 최남단인 하이난성에서 146마리가 감염된 사실이 재차 확인되면서 중국 전역 26개 성, 5개 자치구로 번졌다.

ASF는 1920년대 아프리카에서 시작된 돼지콜레라 바이러스(cholera virus)에 감염돼 발생하는 '출혈성 급성 열성 돼지전염병'이다. 중국을 위시해 몽골, 베트남, 캄보디아, 말레이시아, 라오스, 태국, 미얀마 등과 함께 북한도 아프리카 돼지열병 매우위험(high risk) 국가로 분류돼 우리도 불안불안하다. 지난 8개월간 중국에서 살처분된 돼지는 공식적으로 100만 마리를 넘었는데, 이는 2016년부터 2018년까지 유럽 전역에서 살처분된 73만 마리를 넘는 수치다.

많은 전문가들은 실제 감염된 돼지가 중국 내 총 사육 돼지 수의 1/3에 해당하는 1억 5천만 마리 이상일 것으로 추산한다. 이 영향으로 미국 농무성(USDA)은 올 중국 돼지고기 생산량이 10% 이상 떨어질 것으로 예상했으며, 네덜란드의 한 전문가는 최대 50%까지 줄어들 가능성도 있다고 내다봤다.

1921년 아프리카 케냐에서 처음 발생한 ASF는 1957년 오염된 기내식이 포르투갈 리스본 공항을 통해 유럽에 상륙, 농장의 돼지 먹이로 제공되면서부터 발생했다고 한다. 이후 스페인과 프랑스로까지 확산되며 30년간 유럽 각 나라를 괴롭혔다. 이후 ASF는 유럽에서 사라졌다가 2007년에 재발하면서 현재 동유럽과 러시아 등지에 풍토병으로 남아 있다. 그러다 2018년 8월 중국 랴오닝성 선양에서 아시아 최초로 ASF가 발생했고, 이후 중국 전 지역으로 확대된 상황이다.

예전 식품안전 문제는 농약, 중금속, 환경호르몬, 잔류수의약품 등 주로 화학적 위해였다. 이후 이물 등 물리적 위해로 떠들썩하더니 최근에는 세균, 바이러스, 원충 등 생물학적 위해가 인류를 괴롭히고 있다. 최근 초코케이크 살모넬라사건, 유럽발 병원성 대장균, 수산물 콜레라, 통조림 런천미트 등 세균 문제가 급증하고 있고, 구제역, AI(조류독감), 메르스, 노로바이러스 등 바이러스성 위해도 예방이 어려워 당분간 생물학적 위해가 문제시 될 것이다. 식약처의 2018년 우리나라 식중독 원인분석 자료를 살펴보면 1위가 노로바이러스, 2위는 병원성 대장균, 3위는 살모넬라였다고 한다. 원인식품으로는 생선회, 굴 등 어패류가 1위, 돼지고기 등 육류가 2위, 김치 등 채소류가 3위를 차지했다.

이번 사태가 위협적인 이유는 ASF는 백신도 없고, 치료약도 없어 치사율이 100%에 육박한다는 것이다. 다행히도 돼지과(Suidae)에 속하는 동물에만 발생하는 질병으로 사람이나 다른 가축에게는 전염되지는 않는다. 그러나 ASF는 국제수역사무국(OIE)이 정한 리스트 A급 질병이며, 우리나라 가축전염병 예방법 상으로도 제1종 법정가축전염병으로 분류된다. 주로 감염된 돼지의 분비물(눈물, 침, 분변 등)에 의해 직접 전파되는데, 잠복기간은 약 4~19일이다. 이 병에 걸린 돼지는 고열(40.5~42℃), 식욕부진, 기립불능, 구토, 피부 출혈 증상을 보이다가 보통 10일 이내에 폐사한다.

우리나라는 현재까지 ASF가 발생하지는 않았지만 ASF 발생 국가들과 교류가 빈번해 안심할 수가 없는 상황이다. 이미 중국에서 한국으로 반입되던 돼지고기와 부속물로 만든 음식물, 소시지, 순대, 만두 등에서 ASF 바이러스가 수차례 검출된 바 있기 때문이다. 또한 한 달 전 중국 상하이에서 입국한 한 여행객의 물품에서 발견된 소시지가 ASF에 감염된 돼지고기로 만든 제품인 것으로 최근 확인된 바도 있다.

이 ASF는 사람이나 다른 동물에게는 감염되지 않아 국민의 질병이나 건강에 대한 우려는 없어 안심해도 된다. 그러나 ASF가 국내로 유입될 경우 양돈산업에 큰 피해를 주게 되며 돼지고기 가격 폭등으로 인해 소비자도 피해를 입게 되므로 정부 당국과 농장에서는 예방조치에 만전을 기해야 한다.

• 2-9-5 •

간염바이러스, 중국산 조개젓의 습격

2019년 여름 우리나라에 A형간염 환자가 급증해 온 나라가 비상이 걸렸다. 한마디로 중국산 조개젓의 습격이다. 부산지역에서 동일한 음식점을 이용한 손님 64명이 A형 간염을 확진 받았고, 충남 소재 병원에서도 A형간염 환자 6명이 발생하는 등 총 6건의 '중국산 조개젓'에 의한 A형간염 집단 발생이 있었다. 질병관리본부의 역학조사 결과, 중국에서 제조돼 수입된 후 국내 식품회사가 추가 가공한 조개젓이 원인으로 밝혀졌다. 식약처는 이 중국산 양념 조개젓의 판매를 중단하고 회수 조치했다.

지난 1988년 중국에서 오염된 조개를 섭취해 삼십만 명의 A형간염 환자가 발생한 엄청난 사건이 있었다. 2017년에도 독일발 E형 간염 바이러스 소시지 사건이 있었고 미국에서도 생굴 섭취로 인한 A형간염 감염 사례가 다수 보고돼 연이은 간염바이러스 문제가 국내외에서 이슈화되고 있다. 미국 질병 통제국(CDC)은 식품 유래 질병 중 바이러스 식중독이 약 80%를 차지하며, 그 중 노로바이러스와 A형간염 바이러스가 가장 많이 발생한다고 한다. 주로 횟감용 어패류 섭취가 가장 큰 감염의 원인이며, 오염된 식수에서 많이 보고되고 있다.

과거 우리나라 어린이에게 빈발했던 A형간염은 1980년대 이후 우리나라에서는 현저히 감소 추세를 보여 왔다. 그러나 건강보험심사평가원 자료를 살펴보면, 2000년대 중반부터 다시 증가 추세라 한다. 특히, 올해 A형간염 신고 건수는 7월 현재 중국산 조개젓 등으로 10,274명으로 전년 동기간의 1,592명에 비해 6.5배나 높은 수준에 이르러 보건당국에 비상이 걸린 상황이다.

'간염(肝炎, hepatitis)'은 간을 침범한 전염성 간질환을 말하며, 주로 A형간염 바이러스(hepatitis A virus)에 의해 발생되는 황달 같은 임상증상의 질환이다. A형간염바이러스는 우리 몸속의 간세포 내에서 복제, 증식하여 혈액과 대변을 통해 배출된다. 증상은 바이러스가 인체 내 침입한 후 약 4주간의 잠복기를 거치며, 감기 몸살 증세처럼 발열, 식욕 감소, 구역질, 구토, 전신적인 쇠약감, 복통, 설사 등의 증상을 보인다.

A형간염 바이러스는 열과 산에 저항성이 강해 입을 통해 들어와 위와 담도를 쉽게 통과해 감염을 일으킨다. A형간염의 전파경로는 주로 분변-구강 경로이며, 사람 간 접촉을 통해 전파되기도 한다. 이 바이러스는 분변으로 배출되고, 실온에서도 몇 개월 이상 생존이 가능하다. 즉, 자연에서 생존력이 높아 오염된 음식과 식수에 의해서도 쉽게 전파되며, 어패류, 과일류, 채소류 등이 중요한 오염 식품이다. 특히, A형간염은 오염된 어패류 식품접촉이나 섭취에 의한 대규모 환자 발생이 많다. 또한 A형간염에 감염된 식품취급자에 의한 취급 시에도 오염이 일어나므로 집단급식 시설에서도 자주 발생한다. 이 질환은 여름철에 빈발하는데, 성인에게 감염될 경우 합병증 발생도 증가해 40대에는 치명률이 2%, 60대가 되면 4%로 높아진다고 한다.

간염은 특별한 치료약이 현재까지 개발되어 있지 않으나 자연 치유되는 질환이므로 3~5주 내에 완전히 회복된다. 충분한 영양 공급과 휴식이 중요한데, 심한 식욕부진이나 구토 증세가 지속되어 탈수 가능성이 있거나 심한 황달을 비롯한 간염이 의심될 때는 입원 치료를 받아야 한다. 특히 음주는 절대적으로 삼가야 하며, 심한 운동이나 장기간의 육체활동은 피하는 것이 좋다.

다행히도 A형 간염은 대부분 급성간염으로 발현되며, B나 C형간염과는 달리 만성간염이나 간경변증, 간암으로 진행되지는 않는다.

국내외에서 발생한 간염 발생 사례의 원인을 분석해 보면, 대부분 어패류를 날것으로 먹거나, 제대로 익히지 않고 섭취한 경우 빈발했다. 이번에 원인이 된 중국산 조개젓도 날것을 발효한 것이다. 특히 최근 정부의 나트륨 저감화 정책의 일환으로 수입업자들이 저염 젓갈을 선호하고 주문하는 사례가 많다고 한다. 소금은 발효식품의 안전성 유지에 필수적인 보존료라 그 양이 적으면 부패균이나 잡균의 증식이 왕성하게 일어나 쉽게 상하게 되고 어패류 내 존재하는 바이러스의 생존율을 높여 주게 된다. 콜드체인이 제대로 갖춰지지 않은 중국이나 다른 위생 취약국으로부터 수입하는 젓갈 등 수산물 발효식품은 제조 시 충분한 소금을 사용토록 해야 한다.

어패류를 통한 식중독 바이러스의 오염을 예방하기 위해서는 소비자 스스로의 적극적인 행동이 가장 중요한데, 바이러스는 열에 약하므로 가능한 여름철에는 수산물을 익혀 먹도록 하고 날것이나 저염 수산발효식품의 섭취를 주의해야 한다. 또한 철저한 손 씻기, 끓인 물 마시기 등 개인위생을 잘 지켜야 하며, A형 간염바이러스 예방백신 접종도 반드시 필요하다고 생각한다.

· 2-9-6 ·

고병원성 AI(조류독감)의 반복적 발생과 대책 진단

'조류독감'이라고 알려진 AI(Avian influenza), 특히 H5N6형 고병원성 AI 바이러스의 확산세가 심상치가 않다. 전국적 AI 확산세가 멈추지 않자 정부가 축산 농가 전체를 동시에 소독한다고 한다. 대부분 축사의 위치가 작은 하천 옆에 위치해 있기 때문에 겨울을 나기 위해 한반도를 찾아온 철새가 바이러스를 퍼뜨린 주범으로 지목되고 있다. 2016.11.28 국민안전처는 "주민들의 철새도래지 출입제한, 철새 관련 축제 자제 및 지역 축제장 방역, 이동통제초소 운영, 지역자율방재단 활용, 농장종사자 및 살처분 인력 등 방역요원에 대한 인체감염 예방조치, 살처분 방법 다양화에 따른 침출수 방지와 매몰지 관리" 등을 대책으로 발표했다.

우리나라에서는 과거 다섯 차례 정도 고병원성 AI가 발생된 바 있다. 2003년 말부터 겨울과 봄철에 걸쳐 거의 2년에 한 번 꼴로 겨울철 야생철새가 한반도로 유입될 때마다 여지없이 AI가 발생해 왔다. 조류의 호흡기 분비물이나 대변 등에 오염된 기구, 매개체, 사료, 새장, 옷 등이 AI 전파에 중요한 역할을 한다.

'조류독감'이라 불리는 AI는 닭, 오리, 야생 조류에서 생기는 AI 바이러스에 의한 감염이다. 보통 전파속도가 빠르고 병원성이 다양하며, 폐사율 등 바이러스의 병원성 정도에 따라 '고병원성'과 '저병원성'으로 구분한다. 고병원성 AI는 국제수역사무국(OIE)에서 A등급으로, 우리나라에서는 제1종 가축전염병으로 지정해 관리하고 있다.

사실 AI는 겨울철 조류에 발생하는 감기에 불과한데, 드물지만 사람에게서도 옮아 감염증을 일으킬 가능성 때문에 이리도 걱정하는 것이다. 우리나라에는 아직 사람에게 감염된 사례는 없지만 세계적으로 2003년 말부터 5년간 고병원성 AI 인체 감염사례가 376건 보고됐고 238명이 사망했었다. 2014년 이후 중국에서만 15명이 감염돼 6명이 사망한 것이 바로 불쌍한 닭, 오리를 수천만 마리나 땅에 묻어 살처분하고 있는 이유다.

조류에서의 AI는 대체로 호흡기 증상과 설사, 급격한 산란율 감소를 보인다. 사람에 전염돼 발생한 경우의 환자 분류기준은 '38℃ 이상의 고열이 나면서 기침, 목 통증, 호흡곤란 등 호흡기 증상을 가진 환자가 증상 발생 전 7일 이내에 AI 발생 농장에서 일을 했거나 AI 유행지역을 여행한 적이 있는 경우'다.

고병원성 AI에 감염된 닭과 오리는 아예 시장에 출하되지 못하므로 소비자들은 닭, 계란, 오리 등 시판 중인 요리를 통한 감염을 우려하지 않아도 된다. 다행히도 AI 바이러스는 열에 약해 75℃ 이상에서 5분 이상, 80℃에서 1분만 가열해도 사멸하기 때문에 조리된 닭이나 오리 요리를 통한 AI 감염 가능성은 없다고 보면 된다.

예방법으로 유행 지역으로의 출입을 피하고 AI 유행 시 닭, 오리 등의 가금류(집에서 기르는 조류)와의 접촉을 피해야 하며, 개인위생도 중요하다. AI 예방백신이 개발되어 있지만 원인 바이러스의 변종이 워낙 다양해 그 효과는 불분명하다. 감염 시 타미플루(Tamiflu)와 같은 항바이러스제 투여로 치료하고 있다.

최근 10여 년간 2년에 한 번 꼴로 여섯 번이나 발생한 AI에 대한 우리 정부의 대책은 한결같다. 한번 창궐해 대규모로 발생하면 다음엔 학습효과로 더 스마트한 대책이 나와 점차 나아져야 하는데, 2003년 발생 이후 13년간 '발생-철새탓-매몰-보상'이라는 똑같은 과정을 되풀이하고 있다. 여러 대안 중 가장 고비용이면서 뒤끝 없는 '대규모 매몰 살처분 방식'을 고수하는 이유를 다시 한 번 생각해 봤으면 한다.

이제는 닭, 오리를 매몰해 얻는 편익과 농가 보상금, 매몰지의 지자체 관리비용, 그리고 토양과 지하수오염에 의한 환경오염 피해 등 우리 인류와 후손이 지불해야 할 비용까지 꼼꼼히 따져볼 필요가 있다.

정책을 펼치는 공무원은 국익을 위한 최선의 정책을 선택해야 한다. 물론 자신의 판단에 대한 책임 또한 있어 최적의 정책을 선택해 드라이브하는 것이 쉽지는 않을 것이다. 그러나 방역비용, 농가의 보상금도 우리 모두의 재산이고 우리 자손들에게 물려줄 환경과 침출수, 지하수 오염문제도 미래에는 비용으로 되돌아올 것이다. 이제는 매몰이 아닌 다른 합리적, 전략적 대책을 공개토론 방식을 통한 투명한 절차로 마련해야 할 시기라 생각한다.

키워드2-10 계란

• 2-10-1 •

유럽發 살충제 사고로 촉발된 계란의 안전성 논란

2017년 인체에 치명적인 살충제 성분이 포함된 달걀이 벨기에와 네덜란드, 독일 등 지에서 발견되면서 살충제 계란 공포가 전 유럽으로, 심지어는 아시아 홍콩까지 확산돼 계란 기피현상으로 이어지고 있다고 한다. 벨기에 제약업체가 제충(除蟲)효과를 높이기 위해서 '피프로닐'을 섞은 살충제를 만들어 판매한 것이다. 벨기에 연방 식품안전청(AFSCA)은 지난 6월 하순 피프로닐 오염 계란이 발견된 이후 지금까지 86개 농장을 폐쇄했다고 한다. 그러나 식약처 조사결과, 국내 유통 달걀에서는 살충제 피프로닐 성분이 검출된 적이 없고, 올 상반기 스페인산 달걀 100만 개가 수입됐지만, 역시 살충제 성분은 발견되지 않았다고 발표했으나, 8월 14일 결국 농식품부에서 국내산 친환경 산란계 농장에서 '피프로닐'과 '비펜트린' 살충제 성분이 검출됐다고 발표해 충격을 주었다.

최근 유럽발 '살충제계란' 공포로 유럽 밥상에서 계란이 사라졌다고 한다. EU(유럽연합) 국가에는 영국발 광우병 파동은 물론 병원성 대장균 죽음의 오이, 벨기에산 돼지고기 다이옥신 검출사건, 말고기 스캔들 등 식품 파동이 끝없이 이어지고 있다. 결국 이 유럽발 계란 파동으로 우리나라에서 그동안 쉬쉬하던 생산단계 사료나 가축에 무분별하게 사용하는 살충제나 항균제 안전성 문제가 드디어 곪아 터졌다. 그것도 친환경 계란에서 터졌다. 예견된 결과라는 게 중론이다. 아는 사람들은 다 알고 있었는데, 농축어민, 생산자들은 안전관리의 예외 특권층이라 그간 쉬쉬했던 거라고 한다.

'피프로닐'은 계란에 바퀴벌레, 벼룩, 진드기 등 해충을 없애기 위해 사용된 저독성 살충제 성분으로 식용 가축에는 사용이 금지돼 있다. 쥐에서 급성 반수치사량(LD_{50})이 97㎎/㎏이며, 美 환경청(EPA)은 인체발암가능물질인 그룹C로 분류하고 있다. 세계보건기구(WHO)에서도 이를 2급 보통독성 살충제로 분류해 다량 섭취 시 간, 갑상샘, 신장 손상을 우려하고 있다.

2005년 우리나라를 강타했던 장어 등 양식장 말라카잇 그린 사건이 생각난다. 이는 1949년부터 물곰팡이를 억제하는 살균제로 전 세계 양식장에서 광범위하게 사용돼왔다. 그러나 소화기계통, 유전독성 등 인체 유해성이 알려지면서 식품 중 사용이 금지됐으나, 여전히 양식업자들이 연어, 송어 등의 수정란에 기생하는 수생균 치료에 효과가 탁월하고 값이 싸 유혹을 뿌리치지 못하고 계속 사용하고 있는 실정이다.

그간 우리나라에서는 축산물 소비량이 지속적으로 증가하는 추세였다. 특히, 닭, 계란으로 대표되는 양계산업이 급성장해 쌀, 돼지고기에 이어 총 농업생산액의 10%를 차지하는데, 이는 우리 국민 한 사람이 1주일에 닷새 꼴로 계란을 먹는 것이라 한다.

그러나 최근, '유럽발 살충제 계란사건' 등 계란과 관련된 부정적인 보도가 많아 소비자들이 외면하고 있어 걱정스럽다. 특히 계란은 고단백 생식품이라 쉽게 부패하고 미생물 오염과 해충의 공격에 자주 노출된다. 소비자원의 분석 결과, 계란 관련 소비자 불만이 계속 늘어나는 추세라 한다. 불만 1위는 '상온 보관 · 판매 시 신선도 및 부패 변질 우려'이며, '잔류 항생물질', '품질 등

급과 유통기한 위반', '영양성분 강화 계란의 신뢰성 확보'가 그 뒤를 잇고 있다.

이런 연유로 이번 계란 살충제사건도 발생한 것이고, 고병원성 AI(조류인플루엔자), 살모넬라 식중독균 오염, 불량계란 및 곰팡이 핀 썩은 계란 유통, 계란 가공품의 유통기한 위·변조 등 안전사고가 많이 발생할 수밖에 없다. 게다가 계란은 우리나라 「식품위생법」상 알레르기 주의표시를 반드시 해야 하는 요주의 식품이다. 한때 중국에서 제조된 '가짜계란'이 TV에 보도되면서 화제가 된 적도 있었고 시판되는 '무항생제 인증' 계란에서 항생제가 검출된 사건도 많았다.

이번 사건의 대책으로 국내에서는 농식품부와 지자체가 산란계 농장의 계란에 대해 살충제 성분검사를 대대적으로 진행한다고 한다. 현재 우리나라에서는 이 피프로닐 성분이 벼, 반려동물, 바퀴벌레 퇴치제로 광범위하게 사용되고 있다고 한다. 게다가 피프로닐이 아닌 비펜트린 등 다른 성분이 우리나라 산란장에서 사용된 것이 입증돼 문제의 심각성이 매우 커 보인다. 게다가 살충제는 사용됐다 하더라도 농도에 따라 다르긴 하나 어느 정도 시간이 지나면 불활성화돼 산란장이나 유통 계란을 검사해도 불검출로 판명될 가능성이 높기 때문에 살충제 잔류검사는 빙산의 일각이고 더욱 광범위하게 우리나라 산란장 전체에서 사용됐을 것으로 생각된다.

정부나 소보원 등 감시기관에서는 계란에 대해서만 조사할 게 아니라 우리나라 양계장, 산란장을 대상으로 살충제 유통, 구매, 사용현황에 대한 전수

실태조사를 실시해 그 결과를 조속히 공개해야 한다. 이제는 2017년이다. 우리나라에서도 그동안 눈감아 줬던 생산자인 농축어민에 대한 안전관리를 식품제조업 수준으로 공평하게 적용해야 하며, 영세한 농장이라도 예외 없고 특혜 없는 안전관리 행정을 펴야만 진정한 'Farm to Fork' 식품안전을 확보할 수가 있다고 생각한다.

• 2-10-2 •

때 아닌 계란 광풍

한 국회의원이 공개한 정부의 '계란 유통 문제점과 대책보고서'에 따르면 생산과정에서 껍데기에 실금이 갔지만 육안으로 선별이 불가능한 계란 중 30%가량인 7억 7,000만 개가 시중에 그대로 유통 · 판매됐다고 한다. 게다가 청와대가 개입해 식약처의 안전관리보다 생산자와 유통업자들의 이익을 우선시해 국민의 건강을 내팽개쳤다고 한다. 한편 조류인플루엔자(AI)가 창궐해 국내 산란계의 약 1/3인, 2천만 마리 이상이 살처분되는 바람에 '계란 부족'현상이 발생했다. 계란 공급량이 30% 이상 감소하는 바람에 가격이 폭등해 미국산 계란까지 수입하는 마당에 '불량계란' 유통문제까지 터져 안 그래도 어수선한 시국에 '계란 광풍'이 불고 있다고 해도 과언이 아니다.

이번 '계란 광풍'은 한창 성장하던 계란과 난가공 식품시장에 찬물을 끼얹은 불행한 일이다. 물론 계란은 노른자의 높은 콜레스테롤 함량 때문에 건강의 적으로 오해와 누명도 쓰고 있지만, 고단백이고 흰자와 노른자의 독특한 맛 덕택에 가성비 높은 식재료로 꾸준한 소비자의 사랑을 받아 온 국민 식품이다. AI가 터진 다음 날인 2016년 11월 17일 5,340원 하던 계란(특란 10개, 소비자가격)은 두 달 만에 가격이 두 배 뛰었다고 한다. 우리나라 계란 관련 시장이 1조4천억 원을 넘어섰고, 지속적으로 성장하는 상황이라 더욱 아쉬운 대목이다.

한편, 계란은 생식품이라 쉽게 부패되고 살모넬라 등 안전성 문제가 늘 도사리고 있어 위험한 식품으로 여겨지고 있다. 소비자원의 분석결과, 계란 관련 소비자 불만 또한 계속 늘어나는 추세라 한다. 그 불만사항을 살펴보면, 1

위가 '상온 보관 · 판매 시 신선도 및 부패변질 우려', 2위는 '잔류 항생물질', 3위는 '계란의 품질등급과 유통기한', 4위는 '영양성분 강화 계란의 신뢰성 확보'였다.

정부가 이러한 소비자의 니즈를 파악해 안전한 계란의 생산, 유통에 최선의 노력을 기울여도 모자란 마당에 불량 계란이 시중에 유통, 판매되는 걸 알고도 그대로 방치했다고 하니 답답하기만 하다. 식약처가 이를 파악하고 유통구조를 개선하는 것을 지원은 못 해 줄망정 청와대가 개입해 생산자와 유통업자들의 반발을 우려해 국민의 건강을 내팽개친 것이라고 한다.

국민의 생명과 안전은 그 어떤 이익보다도 우선시 되어야 하는 가장 귀중한 가치인데, 우리나라의 식품 안전관리는 생산자와 특권층, 생계형 등을 예외로 해 줘 힘없고, 말없는 서민들과 소비자는 뒷전이 돼 안전관리에 구멍이 숭숭 뚫리고 있는 것이라 생각한다. 수입식품의 경우도 정상적인 통관 제품은 검역 · 검사를 철저히 하고 있고, 그 어느 나라보다도 정밀검사 비율도 높아 촘촘한 안전관리를 하고 있지만, 생계형 보따리상, 해외직구 등 아직도 많은 예외와 허점이 있다고 생각된다.

식약처에서 추진하려 했던 '계란의 유통구조 개선방안'은 우리나라에서 2년 주기로 큰 문제를 일으키고 있는 AI대란의 예방을 위해서도 반드시 필요하다고 생각한다. 영세한 계란 수집상들이 낙후된 차량과 오염된 플라스틱 용기를 지닌 채 여러 농장을 드나드는 방식이 AI 전파원인 중 하나로 지목됐기 때문이다.

작년 말부터 올해 초까지 이어지고 있는 고병원성 AI는 현재 우리나라 전역에서 역대 최악의 피해를 입히고 있다. 특히 이번 AI는 전염성이 강해 지금까지 3,000만 마리가 넘는 가금류가 살처분됐고, 그 피해액도 역대 최고 기록을 경신해 1조 5000억 원이 넘을 걸로 추측한다.

AI대란 중에도 시중에 유통되는 닭고기나 오리고기, 계란은 검사를 거친 건강한 것들이라 안전하다. 게다가 AI 바이러스는 열에 약해 75℃ 이상에서 가열되면 사멸하고 전 세계적으로 닭고기나 계란을 먹고 AI에 감염된 사례는 없으니 안심하고 먹어도 좋다.

소비자가 알아야 할 계란의 올바른 취급방법은 '깨끗하고 깨지지 않은 신선한 계란 구입', '구입 후 바로 냉장보관', '노른자와 흰자위 부위가 단단하게 굳을 때까지 조리', '생란이나 계란요리는 실온방치 금지', '요리 후 2시간 이내 섭취', '깨지거나 금 간 날계란 섭취 금지', '계란과 접촉한 손과 주방기구의 철저한 세척' 등 간단하니 꼭 기억하고 실천하자!

3
미디어와 시민감시

국제무역기구(WTO) 출범에 따른 글로벌 식품교역의 지속적 증대, 교통의 발달로 지구 전체가 하나의 국가처럼 가까워졌다. 특히, TV방송의 영향은 정말로 대단하다. 고지방 다이어트 열풍을 일으켜 그동안 건강의 적으로 몰려 쓸쓸히 진열대를 지키던 '버터'를 마트에서 동나게 만들기도 하고, '렌틸콩'을 띄워 슈퍼곡물 광풍을 일으키기도 한다. 렌틸콩의 수입량은 전년대비 33배 증가했고, 대형마트 매출도 4배 이상 늘었다고 한다.

그러나 대형 먹거리파동으로 인한 폐해의 상당수는 언론의 경솔한 보도 관행에 있었다고 본다. 언론에게 기업의 과실 여부는 중요치 않다. 소비자가 제기한 의혹이 확인도 안 된 상태에서 보도 욕심을 내기 때문이다. 이미지가 가치인 기업에게 안전성 논란 보도는 사실 여부를 떠나 치명적이다. 혹시 나중에 무죄가 입증이 되더라도 그 기업은 소비자에게 유죄로 남는다.

또한 잘못된 정보는 이른바 자칭 음식전문가 내지는 의사 타이틀을 걸고 공중파 TV 등에 출연해 잘못된 정보를 전하는 쇼 닥터와 경쟁기업을 흠집내는 노이즈마케팅에 의해 주로 전파된다. 잘못된 사실을 알면서도 이익을 위해 의도적으로 허위정보를 유포하는 경우, 처벌이 뒤따라야만 음식에 대한 터무니없는 오해와 누명이 근절될 수 있을 것이라 생각한다.

식품정보는 SNS 등 대체 커뮤니케이션 매체를 통해 신속하게 생성, 공개된 후 공중파를 통해 확산되는 추세가 당분간 이어질 것이다. 신세대를 중심으로 식품 정보의 흐름과 쇼핑은 SNS, 유튜브 같은 온라인커뮤니케이션 매체를 통해 일어나게 될 것이다.

지금의 소비자는 과학적 안전(安全)을 넘어 안심(安心) 식품까지 요구하고 있고, 식품안전에 대한 국가책임도 보다 강조되고 있다. 그러나 식품 생산 · 유통업체의 노력과 윤리의식, 소비자의 단결과 실천이 더해져야만 한다. 무엇보다도 법(法)보다 더 강력한 식품안전 확보 수단은 '능동적이고 적극적인 소비자의 행동'일 것이다.

• 3-1 •

SNS 시대의 식품정보 확산 트렌드

과학적 근거 없이 불안감을 부추기는 안티 식품정보가 공공연히 퍼져 있어 건전한 소비자의 구매에 부정적 영향을 주고 있다. SNS(Social Network Services) 시대라 검증도 약하고 파급효과가 매우 커 그야말로 번개처럼 빠르게 확산된다.

요즘 만연해 있는 '푸드패디즘'도 잘못 알려진 식품정보에서 유래됐다고 볼 수 있다. 푸드패디즘의 전형은 먹거리를 '나쁜 음식'과 '좋은 음식'으로 나눠 그 효과를 과장하는 것인데, 유독 우리나라에서 성행하고 있다. 잘못된 정보는 이른바 자칭 음식전문가 내지는 의사 타이틀을 걸고 공중파 TV 등에 출연해 잘못된 정보를 전하는 쇼 닥터와 경쟁기업을 흠집 내는 노이즈마케팅에 의해 주로 전파된다.

식품과 음식은 산업과 소비자의 선택에만 국한된 문제가 아니라 국민의 건강과 생명, 식량 안보에까지 직결되는 범국가적 문제라 '과학에 근거한 신중하고 올바른 판단'이 매우 중요하다.

'커뮤니케이션'은 '공유하다' 또는 '알게 하다'라는 뜻의 라틴어 'Communicare'에서 유래됐다. 위해정보 공유를 의미하는 Risk communication은 특정 대중을 대상으로 쉬운 용어를 사용해 의미 있고, 적절하며, 정확한 위해정보를 제공하는 데 그 목적이 있다. 그리고 사건별 객관적인 '위해성 평가'와 일반 시민들의 '위해에 대한 수용도'의 인식 차이 즉 '위해정보 격차'(Risk Information Gap)를 줄여 균형을 잡는 데 주로 활용된다.

일반 대중을 대상으로 하는 커뮤니케이션의 수단으로 공중파 TV나 신문, 온라인 등이 주로 활용돼 왔는데, 최근에는 휴대폰의 보급으로 SNS(Social Network Services)가 널리 활용되고 있다.

SNS란 "관심이나 활동을 공유하는 사람들 사이의 관계망이나 상호교류 관계를 구축해 주고, 보여 주는 온라인 서비스 또는 플랫폼"을 말한다. 즉, 웹사이트라는 온라인 공간에서 공통의 관심이나 활동을 지향하는 일정한 수의 사람들이 일정한 시간 이상 공개적으로 또는 비공개적으로 자신의 신상 정보를 드러내고 정보교환을 수행함으로써 '대인관계망'을 형성토록 하는 웹 기반의 온라인서비스다.

이 SNS는 저비용, 빠른 전달광고, 기업체의 마케팅, 회사 임직원 간 소통, 빠른 식품안전정보 공지/교육, 정부의 빠른 커뮤니케이션을 이용한 문제해결 등에 널리 활용되고 있다.

미국에서 가장 성공한 SNS는 바로 '페이스북(Facebook)'인데, 현재까지 가장 영향력이 있다. 'Twitter' 또한 일찍 대중화된 SNS로 휴대폰이나 PC를 이용해 가입자들끼리 짧은 문장을 주고받는 등의 서비스를 제공한다. 트럼프 등 정치인들이 가장 많이 사용하는 SNS이기도 하다. 'Instagram'은 사진 및 동영상을 공유할 수 있는 소셜미디어 플랫폼이라 주로 젊은 층과 연예인들이 많이 사용한다. 기타 'Kakao story', 'Band' 등이 있다.

공중파TV, 신문매체에 의존할 경우, 빨리 널리 확산될 수는 있으나 슈퍼

갑의 횡포에 정확하고 신속한 정보 전달 및 불공정 정보의 정정보도 등이 어렵다는 문제점이 있다.

앞으로 식품 관련 정보는 SNS 등 대체 커뮤니케이션 매체를 통해 신속하게 생성, 공개된 후 공중파를 통해 확산되는 추세가 이어질 것으로 예측된다.

· 3-2 ·

분유 코딱지 이물사건으로 바라본 SNS의 파급력과 재발 방지책

2018년 10월 29일 한 소비자가 구매해 막 개봉한 남양유업 임페리얼XO 분유통에서 2.4㎜ 길이의 코털이 붙은 코딱지 이물질이 나왔다고 한 온라인 커뮤니티에 글이 올라 난리가 났다. SNS의 무서운 파급력을 보여 주는 대표 사례인데, 벌써 한 달째다. 제조단계에서 혼입됐는지, 유통단계인지, 아니면 소비자의 것이 개봉 시 들어갔는지 아직은 밝혀지지 않았으나 소비자는 분유에서 나왔다고 하고, 제조사 측은 제조과정에서의 이물질 혼입은 절대 불가능하다며 팽팽히 맞서고 있는 상황이다.

분유의 이물 발생이 SNS(Social Network Services)를 달군 것이 어제오늘의 일은 아니다. 유명 인터넷 '맘카페'에 등록된 임페리얼 이물질 사례 글이 올해만 17건에 달한다고 한다. 그동안 소비자들은 분유에서 섬유조직, 물때, 초분 찌꺼기, 날파리 성체, 나방 등 이물이 나왔다는 글들로 화가 많이 나 있었던 것 같다.

과거에는 일반 대중의 커뮤니케이션 수단으로 공중파 TV나 신문, 온라인 포탈 등이 주로 활용돼 왔다. 그러나 최근 1인 1폰 시대가 되면서 SNS가 가장 효과적이고 빠른 매체가 됐다. SNS란 '관심이나 활동을 공유하는 사람들 사이의 관계망이나 상호교류 관계를 구축해 주고, 보여 주는 온라인 서비스 또는 플랫폼'을 말한다. 즉, 웹사이트라는 온라인 공간에서 정보교환을 수행함으로써 '대인관계망'을 형성토록 하는 웹 기반의 온라인서비스다. 이 SNS는 저비용에 빠른 확산속도로 마케팅이나 소통에 널리 활용되고 있으나 워낙 확산 속도가 빨라 사전 검증이 어렵다는 문제가 있다.

결국 진위(眞僞)가 밝혀지기도 전, 언론에 보도되는 순간 해당 기업은 죄인이 되어 버린다. 물론 발견한 제품의 하자를 신고하고 손해배상을 청구하는 것은 소비자가 누려야 할 권리인 것은 사실이다. 제대로 된 신고는 기업의 과실을 개선하고 더 건강한 사회를 만드는 데 도움을 주기 때문이다. 하지만 소비자의 신고나 SNS 공개는 사실 확인이나 책임 소재가 규명되기 전부터 기업을 위험에 빠트리고 손해를 준다는 점에서 소비자들에게도 신중한 신고 태도가 요구될 뿐만 아니라 책임과 처벌도 뒤따라야만 무분별한 공개를 막을 수 있다고 생각한다.

남양유업은 국내 다섯 곳의 유전자 전문분석기관에 이물의 DNA(유전자 정보) 분석을 의뢰한 상태이고 세스코 식품안전연구소와 고려대 생명자원연구소에 분유 이물질 정밀검사를 의뢰해 "분유 제조공정상 이물질 혼입이 불가하다"는 결과를 받은 상황이라고 한다. 혹시라도 분유 개봉 시 비의도적 실수로 소비자의 코딱지가 혼입된 것으로 판정된다면 단순 실수라 소비자를 형사 처벌하기도 어려울 것인데, 이 경우 누가 책임질 것인가? 매출과 브랜드 가치 하락 등으로 결국 기업은 이래저래 손해인 셈이다. 혹 소비자로부터 불합리한 요구나 억지를 당한다 하더라도 기업은 소비자를 상대로 손해배상이나 처벌 요구를 하지 못하는 것이 시장이고 현실이다.

권한은 있는데, 책임지지 않는다는 것은 무엇이든 하지 못할 일이 없음을 말하는 소위 '무소불위(無所不爲)'의 힘을 갖게 된다는 것이다. 기업이 저지른 나쁜 행위나 불량제품을 대중들에게 알려 추가 피해를 막는 것은 당연히 좋은 일이다. 그러나 소비자의 악의적 속임수나 실수, 착각 등으로 SNS를 통해 허위사실이 공개돼 특정 기업에 막대한 손해를 끼쳤다면 해당 소비자는 당연히 책임을 져야 한다. 이것이 공정한 민주사회다.

언론 또한 문제다. 대형 먹거리파동으로 인한 폐해의 상당수는 언론의 경솔한 보도 관행에 있었다고 본다. 언론에게 기업의 과실 여부는 중요치 않다. 소비자가 제기한 의혹이 확인도 안 된 상태에서 보도 욕심을 내기 때문이다. 이미지가 가치인 기업에게 안전성 논란 보도는 사실 여부를 떠나 치명적이다. 혹시 나중에 무죄가 입증이 되더라도 그 기업은 소비자에게 유죄로 남는다. 입증되지도 않은 SNS의 내용을 보도하는 것에 대한 정보공개 원칙이나 보도지침 등 사실 확인이 된 부분만 보도하도록 반드시 제도화할 필요가 있다고 본다.

또한 이참에 국가 이물관리제도에 대한 대대적인 보완도 필요하다고 본다. 중장기적으로는 정부가 이물신고를 직접 보고받지 않고 시장에 맡겨야 한다. 위해성이 큰 경우에만 소비자원 또는 '이물신고관리센터(가칭)'에서 해결토록 제도적 장치만 만들면 된다. 이번 사건은 해당 기업, 소비자, 정부 등 우리 국민 모두에게 손해다. 그 누구에게도 이익이 되지 않는 이런 상황이 다시는 반복되지 않도록 대대적인 제도적 개선이 필요하고 일반 국민들도 SNS에 올리는 글에 대한 책임감을 되새기는 기회가 됐기를 바란다.

· 3-3 ·

식품건강 TV방송 그 막강한 영향력과 문제점

한국소비자연맹은 2015년 5~9월 종합편성채널 식품 건강관련 8개 프로그램 총 90편에 대한 모니터링을 실시한 결과, 70%가 식품의 질병 치료효과를 언급하고 있는 것으로 조사됐다. 심지어 일부 프로그램의 경우 특정 식품의 재배농가나 판매자가 전문가로 출연해 해당 식품의 효능을 강조하는 경우도 있어 소비자의 주의가 필요한 실정이다. 식품과 건강을 다루는 TV 프로그램의 상당부분이 특정 식품의 질병치료 효과를 언급하거나 과학적 검증 없이 소비자를 불안하게 하는 잘못된 내용으로 구성돼 올바른 방송을 위한 가이드라인이 필요한 것으로 지적됐다. 다행히도 대한의사협회에서는 엉터리 쇼 닥터를 걸러내기 위해 '의사의 방송출연에 관한 가이드라인'을 만들기도 했다.

TV방송의 영향은 정말로 대단하다. '고지방 다이어트 열풍'을 일으켜 그동안 쓸쓸히 진열대를 지키던 '버터'를 마트에서 독나게 만들기도 하고, 렌틸콩을 띄워 '슈퍼곡물' 광풍을 일으키기도 한다. 렌틸콩의 수입량은 전년대비 33배 증가했고, 대형마트 매출도 4배 이상 늘었다고 한다. 반면 풍선효과로 국내산 곡물류는 판매량이 감소하고 재배면적 또한 줄어 울상이라고 한다.

소비자연맹이 작년 말 실시한 온라인 소비자 인식도조사에 의하면 슈퍼곡물 등 소비자의 열광적인 인기를 얻은 식품들의 인지경로는 TV가 절반을 차지할 정도로 공중파의 영향력과 파급효과를 가늠케 했다.

그러나 렌틸콩 방송의 경우 높은 열량은 숨긴 채, 풍부한 식이섬유, 단백질, 미네랄 등 장점만을 강조해 최고의 '다이어트 식품'으로 소개했다. 특히, 렌틸콩은 콩류라 콩과 비교해야 하는데도 쌀과 비교하면서 특정성분이 몇 배나 많다고 강조하는 등 편향된 비교대상 오류를 범했다. 이렇게 성분을 과장되게 부각시켜 슈퍼 푸드로 만든 사례는 TV방송에서는 허다하다. 특히, 다이어트, 면역강화, 질병치료와 예방에 효과가 있다고 하는 건강식품에 집중돼 있고 유기농, 유정란, 올리브오일, 식이보충제, 효소, 발효식품 등 사회 전반에 만연해 있다.

또한 반대로 그리 나쁠 것이 없는데도 어떤 독성이나 알레르기 유발물질이 함유돼 있거나, 유용성분의 함유량이 적은 경우, 흠집을 내기 위해 약점을 과장해 먹으면 큰일이라도 나는 나쁜 독(毒)처럼 누명을 씌우는 경우도 많이 있다. 대표적인 것이 조미료 글루탐산나트륨(MSG), 우유, 육류, 밀가루, 설탕, 소금, 식품첨가물 등이다.

밀가루를 끊으라고 주장했던 한 쇼 닥터가 방송에서 글루텐의 위험성을 말하고, 밀가루로 인한 체내 독성물질을 자신이 만든 해독주스로 없애라는 상업적 광고를 한 일도 있었다. 어느 개그우먼은 일주일 동안 밀가루를 끊고 날씬해졌다고 하며, '밀가루 끊기 다이어트 광풍'을 일으키기도 했다. 게다가 자사의 쌀 제품을 홍보하기 위해 반 밀가루 인식을 확산시킨 어떤 대기업이 공개되는 등 방송의 영향력을 이용한 거짓과 속임수가 난무하고 있는 실정이다.

현재 많은 건강 및 식품방송의 내용이 지나치게 소비자를 불안케 하거나 맹신케 하고 과학적으로 검증되지 않는 내용을 상업적인 목적으로 왜곡시키는 사례가 심각한 지경에 이르렀다. 한 조사에 따르면 지상파 방송3사의 건강프로그램의 7.1%가 의학적으로 검증되지 않은 내용으로 방송됐다고 한다.

앞으로는 TV방송 작가나 기획자의 마인드가 반드시 바뀌어야 하며, 방송에서 엉터리 이야기하는 함량미달의 전문가, 쇼 닥터에게도 반드시 말에 대한 책임을 지워야 한다.

많은 소비자는 TV건강프로그램에 의사(醫師)가 출연하기 때문에 신뢰한다고 한다. 전문가도 문제지만 엉터리 쇼 닥터의 퇴출이 무엇보다도 절실하다고 생각된다. 잘못된 사실을 알면서도 이익을 위해 의도적으로 허위정보를 유포하는 경우, 처벌이 뒤따라야만 음식에 대한 터무니없는 오해와 누명이 근절될 수 있을 것이라 생각한다.

식품산업 키워드로 본

착한 제도 나쁜 규제

초판 1쇄 발행 2020년 9월 4일

지은이 하상도
펴낸이 이기봉
편집 좋은땅 편집팀
펴낸곳 도서출판 좋은땅
주소 서울 마포구 성지길 25 보광빌딩 2층
전화 02)374-8616~7
팩스 02)374-8614
이메일 gworldbook@naver.com
홈페이지 www.g-world.co.kr

ISBN 979-11-6536-721-3 (03590)

이 책은 〈**오뚜기재단**〉의 학술도서 연구비의 지원을 받아 발간되었습니다.

- 가격은 뒤표지에 있습니다.
-
- 파본은 구입하신 서점에서 교환해 드립니다.

이 도서의 국립중앙도서관 출판예정도서목록(CIP)은 서지정보유통지원시스템 홈페이지(http://seoji.nl.go.kr)와 국가자료공동목록시스템(http://www.nl.go.kr/kolisnet)에서 이용하실 수 있습니다. (CIP제어번호 : CIP2020035839)